中等职业学校以工作过程为导向课程改革实验项目
电子与信息技术专业核心课程系列教材

音视频电子产品制作

主　编　柳云梅　袁林华

机械工业出版社

本书是北京市教育委员会实施的“北京市中等职业学校以工作过程为导向课程改革实验项目”电子与信息技术专业系列教材之一，依据北京市教育委员会与北京教育科学研究院组织编写的“北京市中等职业学校以工作过程为导向课程改革实验项目”电子与信息技术专业教学指导方案及相关课程标准，并参照相关国家职业标准和行业职业技能鉴定规范编写而成。

本书选取直流稳压电源、超外差式收音机、超外差式黑白电视机三个来源于生活的电子产品作为载体，讲授电子技术基础理论知识，如电压放大电路、功率放大电路、调谐放大器等，以及调制、解调等概念在电子技术中的应用，学习电视技术的基础知识，如行、场扫描的技术参数等。学生通过载体的制作和测试，学习元器件的识别、检测，电路板焊接，整机组装，整机统调等电子与信息技术专业技能。

本书可作为中等职业学校电子与信息技术专业的教学用书，并可作为广大电子技术爱好者的参考用书。

为了便于教学，本书配有电子教案，选择本书作为教材的教师可来电（010-88379195）索取，或登录 www.cmpedu.com 网站，注册、免费下载。

图书在版编目（CIP）数据

音视频电子产品制作/柳云梅，袁林华主编．—北京：机械工业出版社，2016.2

中等职业学校以工作过程为导向课程改革实验项目．电子与信息技术专业核心课程系列教材

ISBN 978-7-111-52277-5

Ⅰ.①音…　Ⅱ.①柳…②袁…　Ⅲ.①音频设备-中等专业学校-教材②视频设备-中等专业学校-教材③电子工业-产品-中等专业学校-教材　Ⅳ.①TN912.2②TN948.57③TN05

中国版本图书馆 CIP 数据核字（2015）第 283377 号

机械工业出版社（北京市百万庄大街 22 号　邮政编码 100037）
策划编辑：郑振刚　责任编辑：郑振刚　责任校对：刘秀芝
封面设计：路恩中　责任印制：李　洋
北京机工印刷厂印刷（三河市南杨庄国丰装订厂装订）
2016 年 2 月第 1 版第 1 次印刷
184mm×260mm · 8.25 印张 · 200 千字
0 001—1 000 册
标准书号：ISBN 978-7-111-52277-5
定价：22.00 元

凡购本书，如有缺页、倒页、脱页，由本社发行部调换

电话服务　　网络服务
服务咨询热线：010-88379833　机 工 官 网：www.cmpbook.com
读者购书热线：010-88379649　机 工 官 博：weibo.com/cmp1952
教育服务网：www.cmpedu.com
金 书 网：www.golden-book.com

编写说明

为更好地满足首都经济社会发展对中等职业人才需求，增强职业教育对经济和社会发展的服务能力，北京市教育委员会在广泛调研的基础上，深入贯彻落实《国务院关于大力发展职业教育的决定》及《北京市人民政府关于大力发展职业教育的决定》文件精神，于2008年启动了“北京市中等职业学校以工作过程为导向课程改革实验项目”，旨在探索以工作过程为导向的课程开发模式，构建理论实践一体化、与职业资格标准相融合，具有首都特色、职教特点的中等职业教育课程体系和课程实施、评价及管理的有效途径和方法，不断提高技能型人才培养质量，为北京率先基本实现教育现代化提供优质服务。

历时五年，在北京市教育委员会的领导下，各专业课程改革团队学习、借鉴先进课程理念，校企合作共同建构了对接岗位需求和职业标准，以学生为主体、以综合职业能力培养为核心、理论实践一体化的课程体系，开发了汽车运用与维修等17个专业教学指导方案及其232门专业核心课程标准，并在32所中职学校、41个试点专业进行了改革实践，在课程设计、资源建设、课程实施、学业评价、教学管理等多方面取得了丰富成果。

为了进一步深化和推动课程改革，推广改革成果，北京市教育委员会委托北京教育科学研究院全面负责17个专业核心课程教材的编写及出版工作。北京教育科学研究院组建了教材编写委员会和专家指导组，在专家和出版社编辑的指导下有计划、按步骤、保质量完成教材编写工作。

本套教材在编写过程中，得到了北京市教育委员会领导的大力支持，得到了所有参与课程改革实验项目学校领导和教师的积极参与，得到了企业专家和课程专家的全力帮助，得到了出版社领导和编辑的大力配合，在此一并表示感谢。

希望本套教材能为各中等职业学校推进课程改革提供有益的服务与支撑，也恳请广大教师、专家批评指正，以利进一步完善。

北京教育科学研究院

2013年7月

前言

为贯彻落实《北京市人民政府关于大力发展职业教育的决定》（京政发［2006］11号）精神，进一步推动和深化中等职业学校课程改革，提高职业学校的办学质量，北京市教育委员会于2008年启动了“北京市中等职业学校以工作过程为导向的课程改革实验项目”。“音视频电子产品制作”是中等职业学校电子与信息技术专业核心课程。

中等职业学校培养的电子专业人才主要是一线的技术应用型人才，而这类人才的培养与行业的发展、需求息息相关。职业教育教学改革的焦点是如何将教学的核心迁移到动手能力的培养上。在这种理念指引下，我们精简整合了原中职“模拟电路”课程的理论知识，合理安排知识点与技能点，突出实训教学。

本书以制作电子产品的项目为框架，以生活实例为引线，进行知识点的编排和讲解，目的是使学生对这门课程产生熟知和亲切感，引发学生对课程的学习兴趣。

本书围绕3个电子产品进行学习单元设计。由于绝大部分电子产品需要电源供电，所以本书的学习单元一是制作直流稳压电源，并按产品结构由易到难、由零到整，循序渐进地引出相关的知识点；学习单元二是制作超外差式收音机，超外差式收音机是相对简单的一款音频电子产品，以此引入调制、解调等电子技术的关键知识，练习使用示波器、信号源对电路进行测试，提高专业技能；学习单元三是制作超外差式黑白电视机，它既是对前两个学习单元的总结，同时又引入了视频的知识与技能点。通过组装整机，同学们学习了新知识，了解了生产中使用的工艺，锻炼了自己的实验实操能力，为今后真正步入工作岗位打下了基础。

本书在讲授基础知识的同时，还增加了一些新技术的应用，如学习单元一、二的拓展任务，目的是使读者了解相关知识的发展和应用现状，提高本书的可读性。

本书由北京实美职业学校柳云梅、袁林华任主编，北京实美职业学校刘作新、北京电视台程宏参编。具体分工如下：柳云梅编写学习单元二的任务二、任务三，学习单元三的任务一、任务二，并负责全书统稿；刘作新编写学习单元一的任务二、拓展任务，学习单元二的拓展任务，学习单元三的任务三、任务四；袁林华编写学习单元一的任务一，学习单元二的任务一；程宏给予企业实际操作方面的指导。

由于编者水平有限，书中难免有不妥之处，恳请批评指正。

编　者

目录 CONTENTS

学习单元一
制作直流稳压电源

※学习单元导读※

当今社会人们极大地享受着电子产品带来的便利，但是任何电子产品都有一个共同的电路——电源电路。大到超级计算机、小到袖珍计算器，所有的电子产品都必须在电源电路的支持下才能正常工作。

电子产品对电源电路的要求就是能够提供持续稳定、满足负载要求的电能，而且通常情况下都要求提供稳定的直流电能。提供这种稳定的直流电能的电源就是直流稳压电源。直流稳压电源在电源技术中占有十分重要的地位。

本单元将介绍直流稳压电源构成及作用，并且制作直流稳压电源。

※学习单元导图※

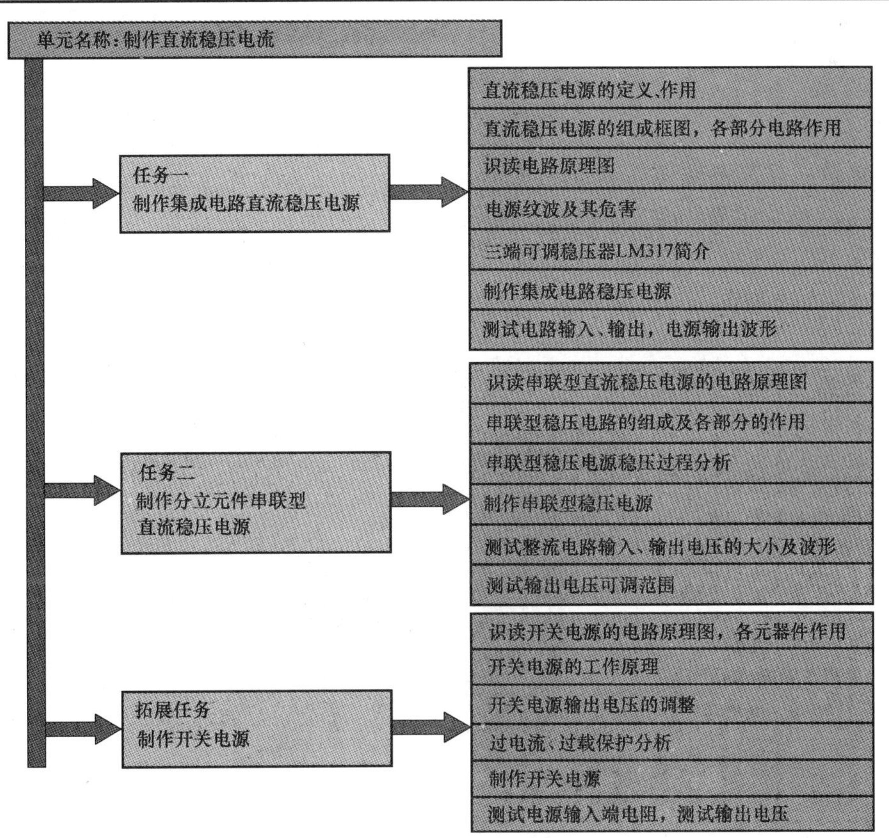

※学习单元目标※

一、知识目标

1. 掌握直流稳压电源的作用。
2. 掌握直流稳压电源的组成框图及各单元电路的波形图。
3. 能够识读直流稳压电源的电路原理图。
4. 熟悉串联型直流稳压电路的工作原理。

二、能力目标

1. 能够根据电路原理图识别元器件。
2. 能够正确找到元器件在印制电路板（PCB，本书中简称电路板）上的位置，并在电路板上正确插装元器件。
3. 焊接质量达到标准。
4. 能够熟练使用万用表检测电路。
5. 能够使用示波器测试电压波形。

任务一　制作集成电路直流稳压电源

任务描述

本任务制作以三端可调集成稳压器 LM317 为核心器件，外围电路简洁、性能稳定、比较实用的一款直流稳压电源，实物如图 1-1 所示。电源的技术指标是：输出电压分为 6 档可调，分别是 3V、4.5V、6V、7.5V、9V、12V；输出电流为 500mA，具有过热和过电流保护功能，原理如图 1-2 所示。

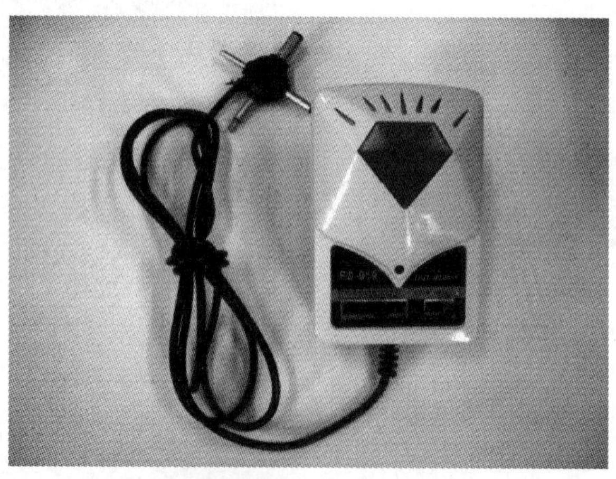

图 1-1　集成电路直流稳压电源实物图

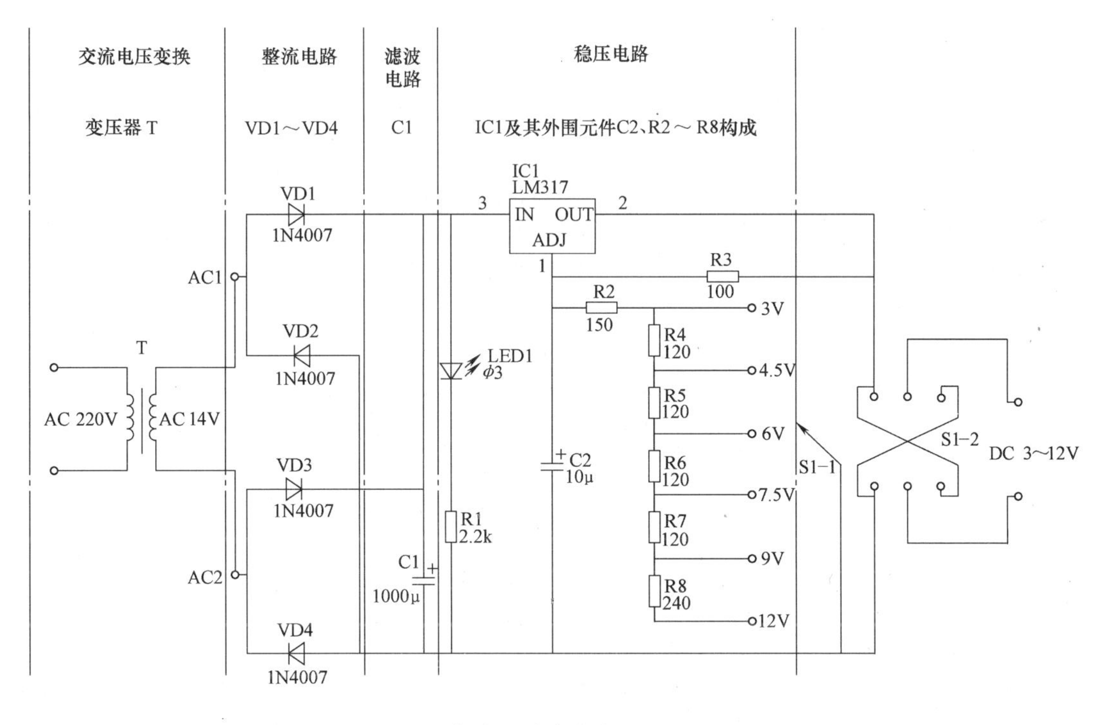

图 1-2　集成电路直流稳压电源原理图

任务分析

完成本任务，首先要学习稳压电源的组成结构（框图），理解稳压电源的作用。之后对三端可调集成稳压器 LM317 的实际应用有初步的了解，根据电路图并结合计算公式会计算其输出电压。最后，根据电路原理图和电路板图焊接、组装直流稳压电源。

任务目标

1. 理解直流稳压电源的作用。
2. 掌握直流稳压电源组成框图及各单元电路的波形图。
3. 能够识读集成电路直流稳压电源的电路原理图。
4. 能够根据电路原理图识别元器件。
5. 能够正确找到元器件在电路板上的位置，并在电路板上正确插装元器件。
6. 焊接质量达到标准。
7. 能够熟练使用万用表检测电路。

知识铺垫

一、直流稳压电源的定义、作用

1. 定义

直流稳压电源是指能为负载（即用电器）提供稳定直流电源的电子装置。

2. 作用

当电网电压或负载发生变化时，直流稳压电源能自动调节，使稳压电源输出电压基本保持不变。

二、直流稳压电源的组成框图

图 1-3 中，T 为电源变压器，对交流电进行电压变换。如图 1-3 所示，直流稳压电源一般由交流电压变换、整流电路、滤波电路和稳压电路四部分组成。

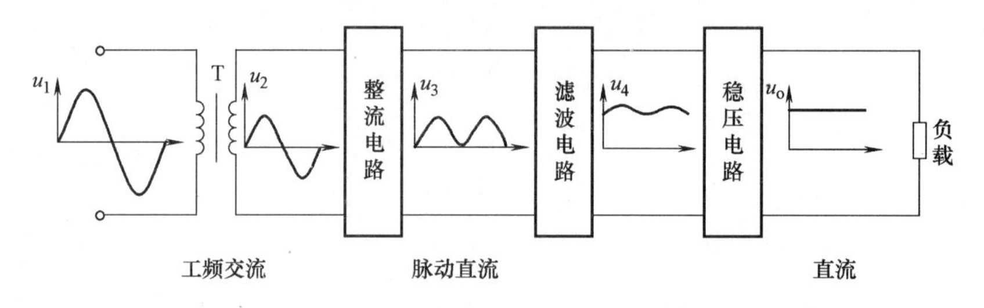

图 1-3　直流稳压电源的组成框图

各部分单元电路的功能如下：

1）交流电压变换：变压器 T 将正弦工频交流电源电压变换为符合用电设备所需要的正弦工频交流电压。

2）整流电路：将正弦工频交流电变成单向脉动直流电。

3）滤波电路：将单向脉动直流电中的交流分量减小，使输出成为比较平滑（纹波很小）的直流电。

4）稳压电路：使输出的直流电压在电网电压发生波动或负载变化时保持稳定。

三、电源的纹波

1. 纹波（ripple）的定义

纹波是指在电源输出的直流电压或电流中，叠加在直流稳定量上的交流分量，如图 1-4 所示。

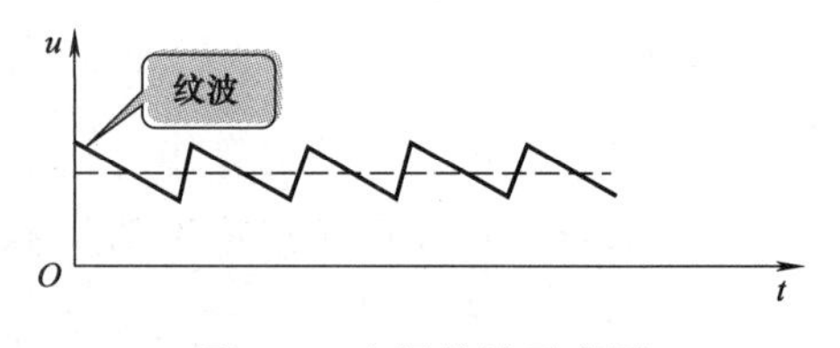

图 1-4　电源纹波示意图

2. 纹波的危害

纹波主要有以下害处：

1）容易在用电器上产生谐波，而谐波会产生更多的危害。

2）降低了电源的效率。

3）较强的纹波会造成浪涌电压或电流的产生，导致烧毁用电器。

4）会干扰数字电路的逻辑关系，影响其正常工作。

5）会带来噪声干扰，使图像设备、音响设备不能正常工作。

显然，对于直流稳压电源来说，纹波越小越好。

3. 纹波的抑制

抑制纹波常用的办法是，加大滤波电路中电容容量，或采用 *LC* 滤波电路，或采用多级滤波电路。

四、集成电路直流稳压电源原理图识读

在图 1-2 中用虚线标示出了各单元电路，各单元电路的元件组成一目了然，读者可以自行分析。在图 1-2 中，LED1、R1 组成电源指示电路；只要稳压电源一接入市电，LED1 就发光，指示稳压电源已开始工作。拨动开关 S1-1 有 6 个档位，用来设置 6 种输出电压值。拨动开关 S1-2 为极性转换输出开关，通过选择，可使输出端得到正负相反的电压极性。

五、三端可调集成稳压器 LM317 简介

目前大多数电子设备中的稳压电源都采用集成稳压器，集成稳压器从安装到使用都很方便。应用最广泛的是三端集成稳压器 LM317，它的外形图和典型应用电路如图 1-5、图 1-6 所示。

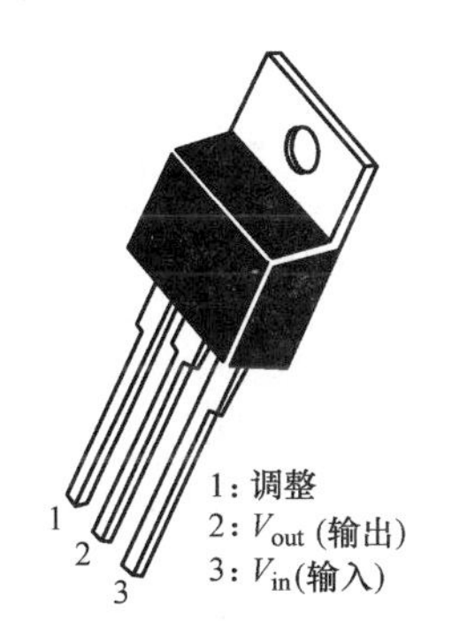

图 1-5　LM317 的外形图

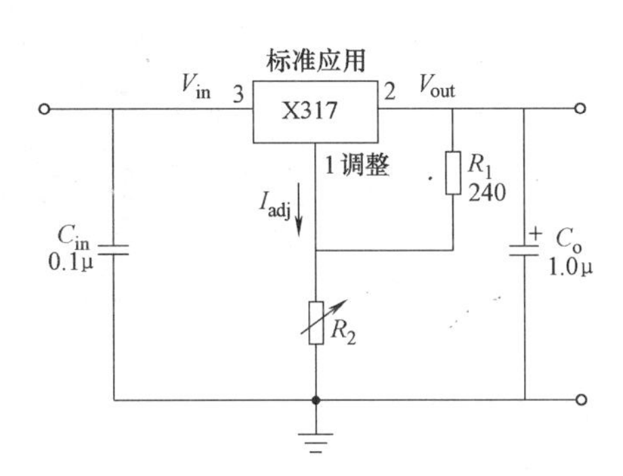

图 1-6　LM317 典型应用电路

集成稳压器 LM317 只有输入、输出和调整三个端子，这就是三端集成稳压器名称的由来。其输出电压为 1.2～37V 连续可调，输出电流最大为 1.5A。LM317 稳压器内部有过电流保护、输出短路保护、调整管安全工作区保护及过电热保护电路，因此工作安全可靠。

LM317 作为输出电压可变的集成三端稳压块，是一种使用方便、应用广泛的集成稳压块。317 系列稳压块的型号很多，例如 LM317HVH、W317L 等。电子爱好者经常用 317 稳压块制作输出电压可变的稳压电源。因此，图 1-6 中用“X317”表示。

LM317 的输出电压可用下式计算，$V_{out}=1.25(1+R_2/R_1)$。从公式不难看出，当改变 R_2 的阻值时，就可以得到不同的输出电压值。从公式本身看，R_1、R_2 的电阻值可以随意设定。然而作为稳压电源的输出电压计算公式，R_1 和 R_2 的阻值是不能随意设定的。根据 317 系列稳压块的输出电压变化范围，R_2/R_1 的比值范围只能是 0～28.6。在图 1-6 中，R_2 是可变电阻，其阻值最大可选为 6.8kΩ。

在本制作中，交流市电经变压后，输出电压约为 14V，经整流和滤波后加在三端稳压集成电路 IC1 的输入端，通过 S1-1 改变 IC1 调整端的电阻器值，就能改变公式 $V_{out}=1.25(1+R_2/R_1)$ 中的电阻值之比，从而在输出端得到不同的电压输出。

任务实施

一、实操准备

1）集成电路直流稳压电源套件与套件的图样。

2）电子装配常用工具。

3）数字万用表、示波器。

二、制作步骤

制作步骤见表 1-1。

表 1-1　制作步骤

步序	步骤名称	图　示	说　明
1	安装、焊接电阻		R1卧式焊接，R2～R8立式焊接 本制作用到 8 个电阻 R1:2.2kΩ R2:150Ω R3:100Ω R4～R7:120Ω R8:240Ω
2	安装、焊接电容	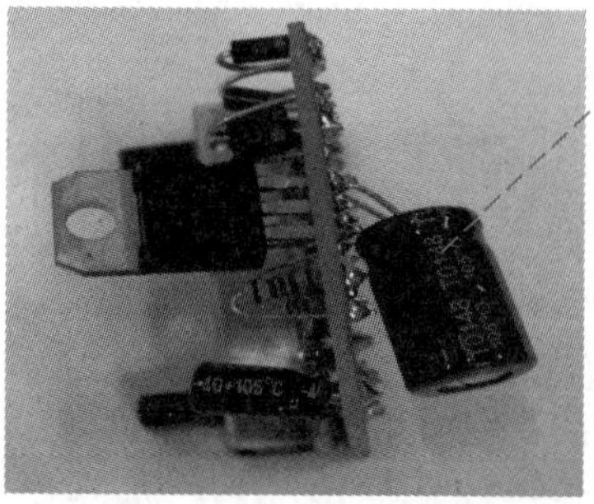	1000μF电容要焊在电路板铜箔面，注意极性不要出错；不能插到底，留0.8cm高度 本制作用到 2 个电解电容 C1:1000μF/25V C2:10μF/25V
3	清点、检测、焊接整流二极管		本制作用到 4 个整流二极管 VD1～VD4:1N4007 焊接二极管时，极性不要焊错

（续）

步序	步骤名称	图　　示	说　　明
4	焊接发光二极管		二极管焊到箭头指示的位置后，才能作为指示灯露出壳外
		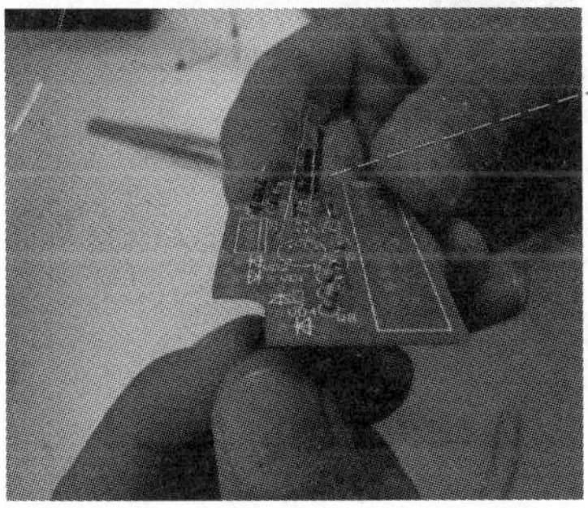	为了作为指示灯露出壳外，发光二极管不能插到底，管腿要留1.6cm
5	焊接拨动开关		这种拨动开关，直接插入电路焊接即可 这种拨动开关，此引脚先齐根部剪断，然后取一段剪下的电阻引脚，折弯，然后再将电阻引脚焊在刚才剪断的引脚上，最后将焊上的线脚对准电路板上的安装孔

（续）

步序	步骤名称	图　　示	说　　明
6	焊装三端集成稳压块	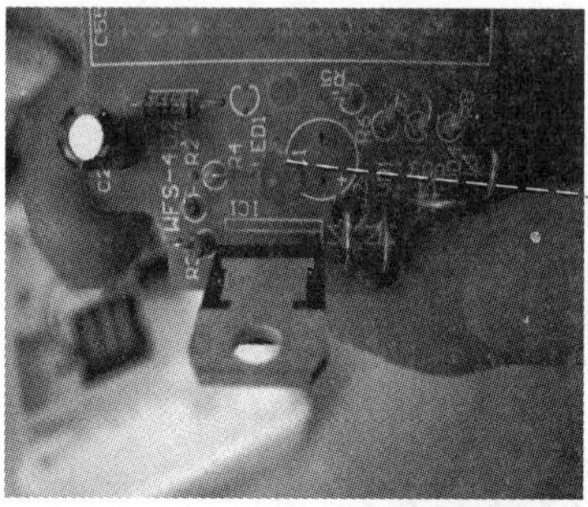  电路板上指示了稳压集成块的焊接位置，注意散热片对应小长方形 请注意：集成块要斜置，否则外壳无法合严	标注：IC1 型号：LM317
7	焊接变压器	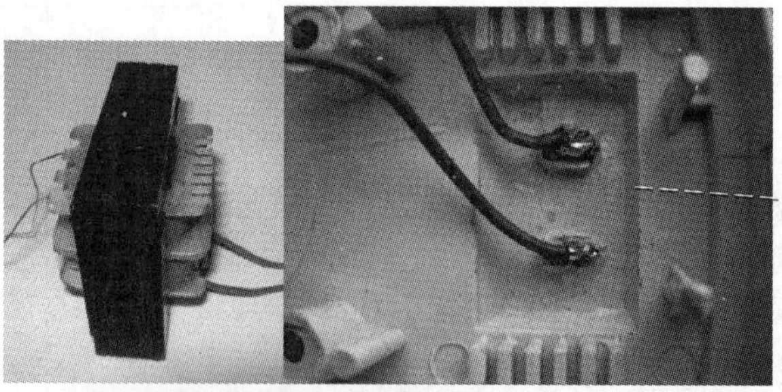 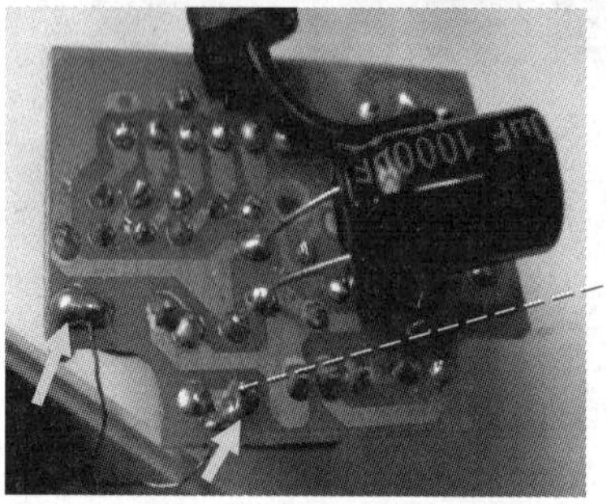 将变压器一次侧焊在电源接线柱上。一次侧位置千万不要焊错！ 二次侧焊接在电路板上	

（续）

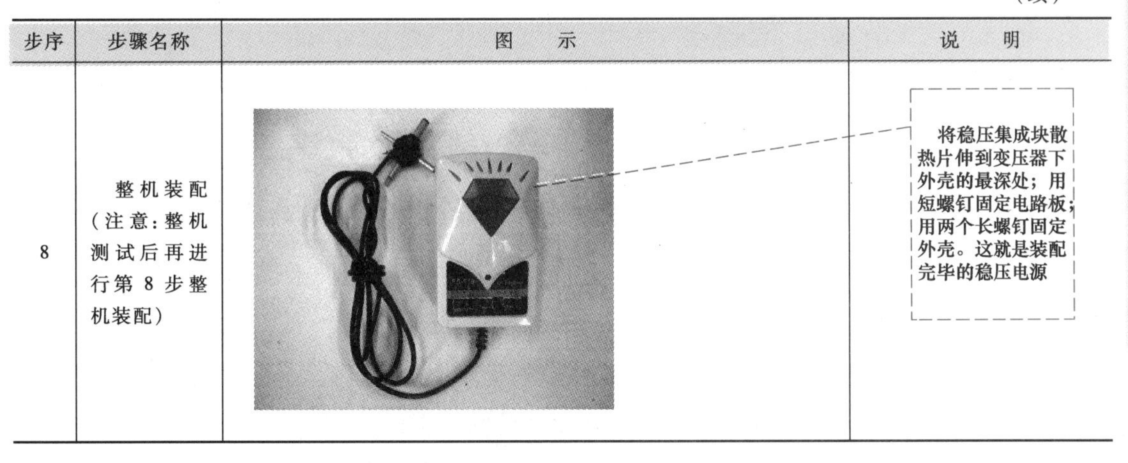

步序	步骤名称	图　示	说　明
8	整机装配（注意：整机测试后再进行第8步整机装配）		将稳压集成块散热片伸到变压器下外壳的最深处；用短螺钉固定电路板；用两个长螺钉固定外壳。这就是装配完毕的稳压电源

三、整机测试

如图1-2所示，用示波器观测整流电路输入、输出波形，电源输出端波形见表1-2。

表1-2　整流电路输入、输出波形，电源输出端波形

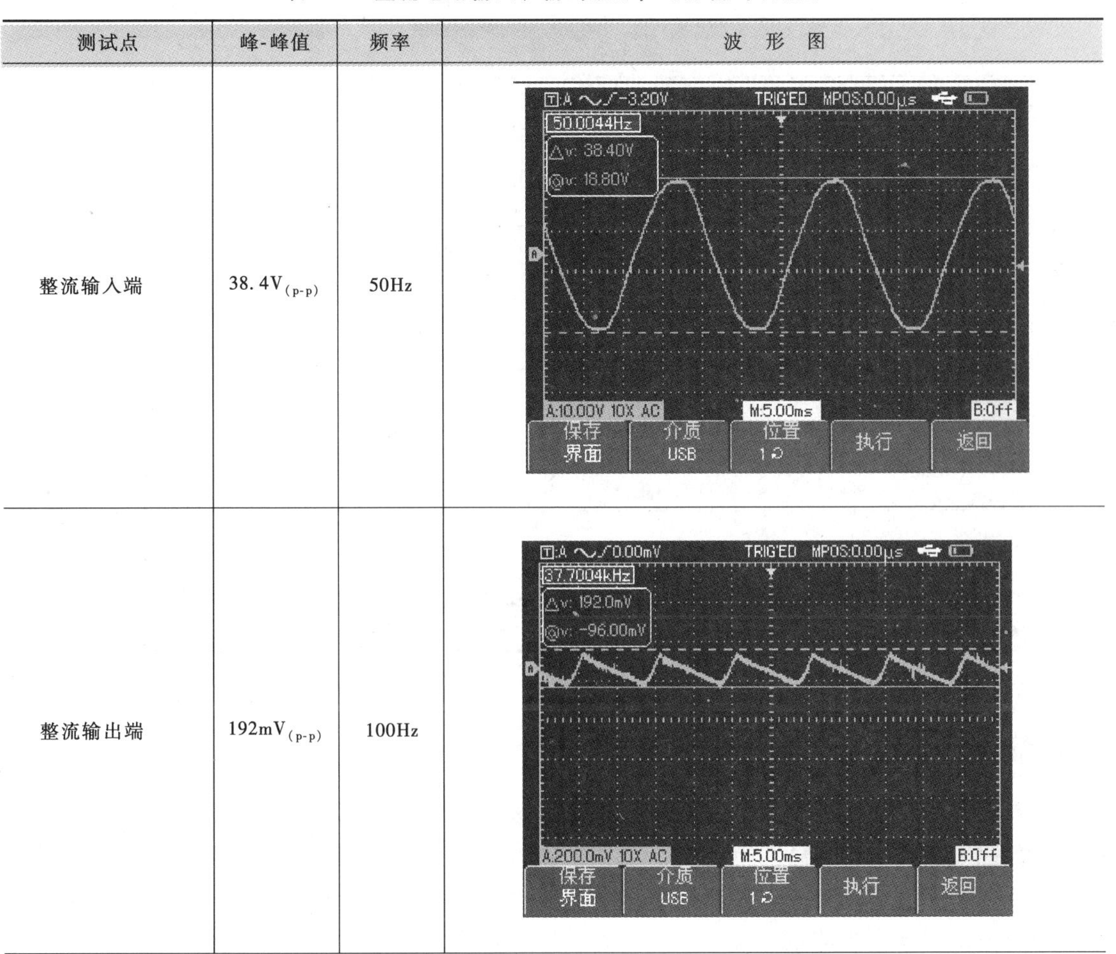

测试点	峰-峰值	频率	波　形　图
整流输入端	38.4$V_{(p\text{-}p)}$	50Hz	
整流输出端	192m$V_{(p\text{-}p)}$	100Hz	

（续）

测试点	峰-峰值	频率	波形图
电源输出端（输出电压选择开关置于6V）	0	0	

任务评价

任务评价见表1-3。

表1-3　任务评价表

评价项目	评价标准
整机电路的工作原理	1. 能画出稳压电源的组成框图 2. 能识读电路原理图，说出各主要元器件的名称、作用 3. 能根据LM317外接电阻值计算输出电压范围
元器件安装工艺	1. 元器件排列整齐，与电路板间距适当 2. 特殊元器件按要求安装
焊接质量	1. 电气连接可靠 2. 机械强度足够强 3. 外观光洁整齐
整机测试	1. 测试点选取正确 2. 示波器使用方法正确 3. 测试波形正确

任务二　制作分立元件串联型直流稳压电源

任务描述

用分立元件制作一款串联型线性稳压电源，这款稳压电源的技术指标是：输出电压在3～12V范围内连续可调；输出电流为800mA；具有自恢复熔体设计，避免了更换熔体的烦琐。与任务一中制作的集成电路直流稳压电源相比，这款电源的输出电压调整更加灵活，没有档位的限制；输出电流也增大了，可以为大负载供电，例如学习单元三的5.5in黑白电视机就可以使用本电源供电。图 1-7 是分立元件串联型直流稳压电源的原理图。图 1-8 是分立元件稳压电源的电路板。图 1-9 是组装完毕的分立元件串联型直流稳压电源。

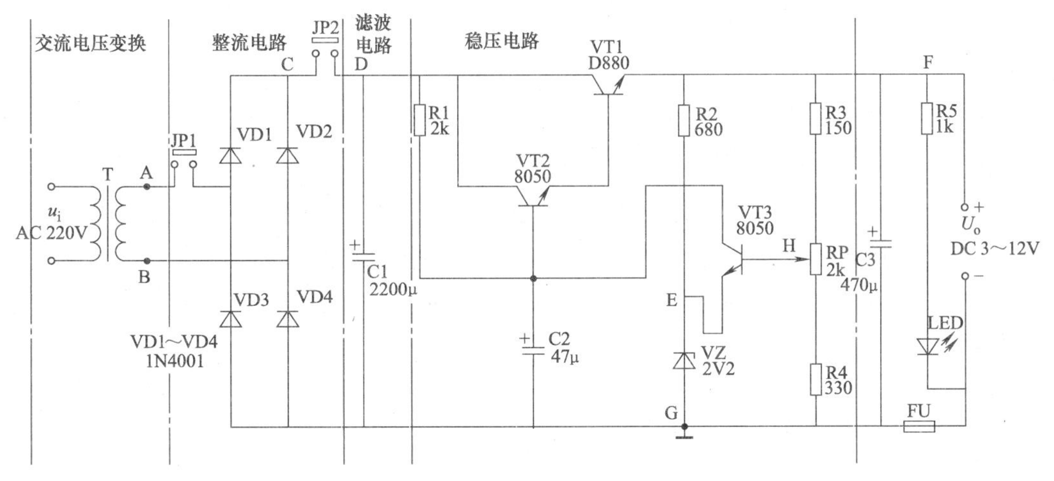

图 1-7　分立元件串联型直流稳压电源的原理图

图 1-8　分立元件稳压电源的电路板

图 1-9　组装完毕的分立元件串联型直流稳压电源

任务分析

在任务一中，用三端稳压器制作了一个稳压电源，这个稳压电源中的稳压电路集成在了三端稳压器内部，无法知道稳压电路是如何实现稳压过程的。在本次任务中要制作的分立元件串联型直流稳压电源，其稳压电路由分立元件构成，具体的元器件都是看得见的。完成这个任务，首先要了解分立元件串联型直流稳压电源的组成结构，分析它的稳压过程，再通过实操完成该稳压电源的制作，最后对该稳压电源进行简单测试。

任务目标

1. 能够识读分立元件串联型直流稳压电源的原理图。
2. 能够根据电路原理图识别元器件。

3. 能够正确找到元器件在电路板上的位置，并在电路板上正确插装元器件。
4. 能够熟练使用示波器检测电路波形。
5. 会分析分立元件串联型直流稳压电源的稳压过程。

知识铺垫

一、分立元件串联型直流稳压电源原理图识读

在图 1-7 中用虚线标示出了各单元电路，各单元电路的元件组成一目了然，读者可以自行分析。图 1-7 中 LED、R5 组成电源指示电路；只要稳压电源一接入市电，LED 就发光，指示稳压电源已开始工作。电位器 RP 用来调整输出电压值，使输出电压值在 3~12V 之间连续可调。

FU 为自恢复熔体，作用与熔体（丝）相同。当外部负载出现短路过电流情况时，FU 迅速变到高阻态，电流被迅速夹断，从而对稳压电源进行快速的保护，避免元器件的损坏。故障排除后，自恢复熔体 FU 恢复为正常的低阻状态，无须人工更换。

二、分立元件串联型直流稳压电路的组成及各部分的作用

由图 1-10 可以看出，串联型稳压电路由取样电路、基准电压电路、比较放大电路和调整电路（调整管）四部分构成。

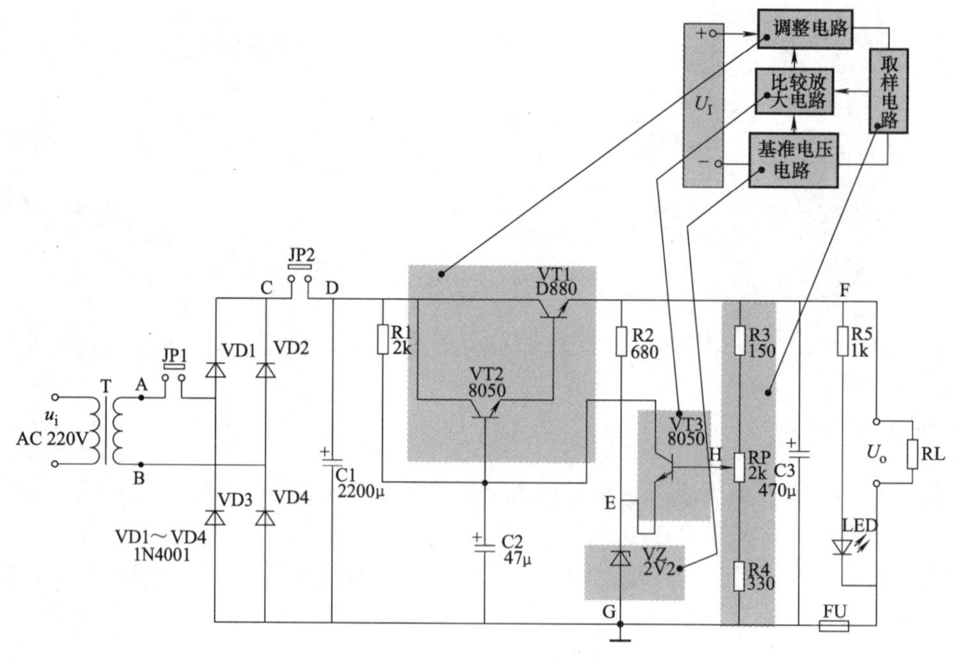

图 1-10 串联型稳压电路构成

1. 取样电路

由 R3、RP、R4 组成的分压电路构成，它将输出电压 U_o 分出一部分作为取样电压 U_H，送到比较放大环节。

学习单元一

2. 基准电压电路

由稳压二极管 VZ 和电阻 R2 构成的稳压电路组成，它为电路提供一个稳定的基准电压 U_{EG}，作为调整、比较的标准。此部分电路核心元器件为 VZ。

3. 比较放大电路

由 VT3 和 R1 构成的直流放大器组成，其作用是将取样电压 U_H 与基准电压 U_{EG}之差放大后去控制调整管 VT1、VT2。此部分电路核心元器件为 VT3。

4. 调整电路

由工作在线性放大区的复合晶体管 VT1、VT2 组成，VT2 的基极电流 I_{B2}受比较放大电路输出的控制，它的改变又可使 VT1 集电极电流 I_{C1}和集电极-发射极间电压 U_{CE1}改变，从而达到自动调整、稳定输出电压的目的。

在图 1-10 中，晶体管（VT1）与负载（R_L）是串联关系，这种电路连接形式就是串联型稳压电源名称的由来。

三、分立元件串联型直流稳压电源的稳压过程分析

1. 基本原理

利用晶体管工作在放大区时，其集电极与发射极之间电压 U_{CE}受到基极电流 I_B 控制的特性，来实现电压的调整。以 NPN 型晶体管为例，如图 1-11 所示，$I_B\uparrow\rightarrow I_C\uparrow\rightarrow U_{CE}\downarrow$；反之，$I_B\downarrow\rightarrow I_C\downarrow\rightarrow U_{CE}\uparrow$，即晶体管工作在放大区时，$U_{CE}$受 I_B 控制，且成反比关系。

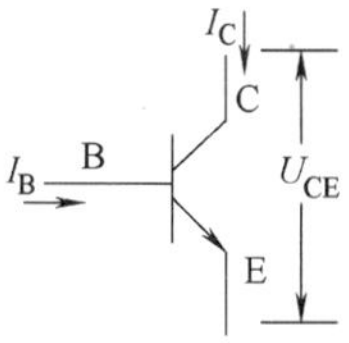

I_C C U_{CE} B I_B E

图 1-11 NPN 型晶体管

2. 稳压过程分析

根据上述基本原理，稳压过程分析如下，在图 1-10 中，稳压电源的输出电压由于某种原因上升时，通过稳压电路会有下述的自动调整过程，使输出电压保持稳定：

$$U_O\uparrow\rightarrow U_H\uparrow\rightarrow U_{BE3}=(U_H-U_{VD5})\uparrow\rightarrow I_{B3}\uparrow\rightarrow I_{C3}\uparrow\rightarrow U_{C3}\downarrow\rightarrow$$
$$U_{B2}\downarrow\rightarrow I_{E2}\downarrow\rightarrow I_{B1}\downarrow\rightarrow I_{C1}\downarrow\rightarrow U_{CE1}\uparrow\rightarrow U_O\downarrow$$

稳压电源的输出电压由于某种原因下降时，会有上述自动调整过程的逆过程，使输出电压保持稳定；读者可以自行分析。

由于晶体管（VT1）通过的集电极电流 I_C 较大，且在其术电极与发射极之间有电压降 U_{CE}，所以其消耗的功率 $P=U_{CE}I_C$ 也较大，相应地，在选用晶体管（VT1）时要选用中功率、大功率晶体管，以便能够承受较大的功率，不致损坏晶体管。

任务实施

一、实操准备

1. 分立元件串联型直流稳压电源套件（见图 1-12）与图样。
2. 电子装配常用工具。
3. 数字万用表、示波器。

图 1-12　分立元件串联型直流稳压电源套件

二、制作步骤

制作步骤见表 1-4。

表 1-4　制作步骤

步序	步骤名称	图　示	说明
1	焊接 5 只电阻		R1:2kΩ R2:680Ω R3:150Ω R4:330Ω R5:1kΩ
2	焊接 5 只二极管		VD1~VD4:1N4001 VZ:C2V0
3	焊接跳线 JP1、JP2		

（续）

步序	步骤名称	图　示	说明
4	焊装电容C2、C3，自恢复熔体FU，晶体管VT2、VT3		C2：47μF C3：470μF FR：UF090 VT2、VT3：8050
5	焊装晶体管 VT1，电容C1	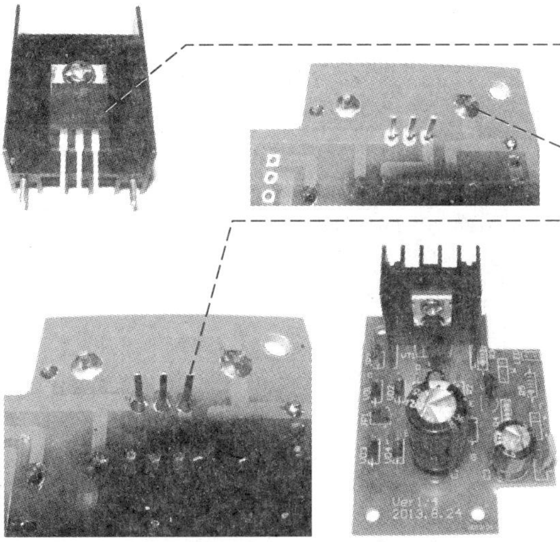	VT1：D880 C1：2200μF 先将晶体管VT1固定到散热器上 再将散热器与VT1插入电路板，先将散热器的两个固定脚焊接好 最后再焊接VT1的三个管脚
6	为电位器RP、发光二极管LED焊接引线	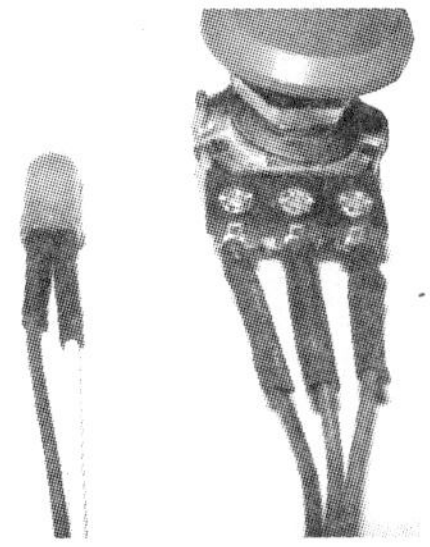	如左图，将热缩管套好，并用电烙铁对其加热，使其收缩紧固好
7	将电位器RP、发光二极管LED的引线焊接至电路板		电位器RP的引线 LED的引线及正极位置

（续）

步序	步骤名称	图示	说明
8	焊接电源输出线	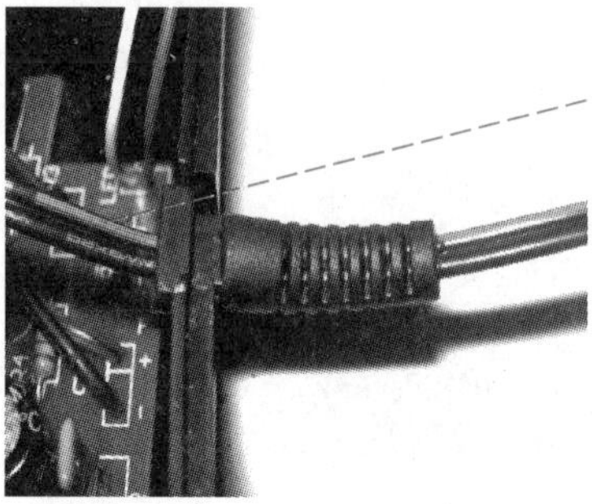	电源输出线，有白色标志的为正极，焊接到正极位置
9	焊接电源变压器二次侧引线		变压器二次侧引线
10	焊接电源变压器一次侧引线	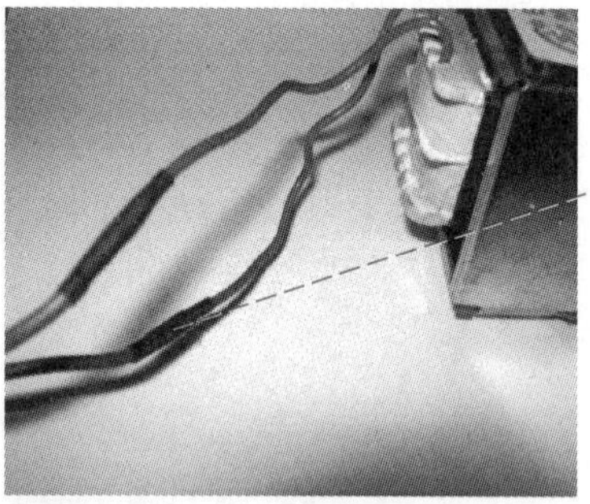 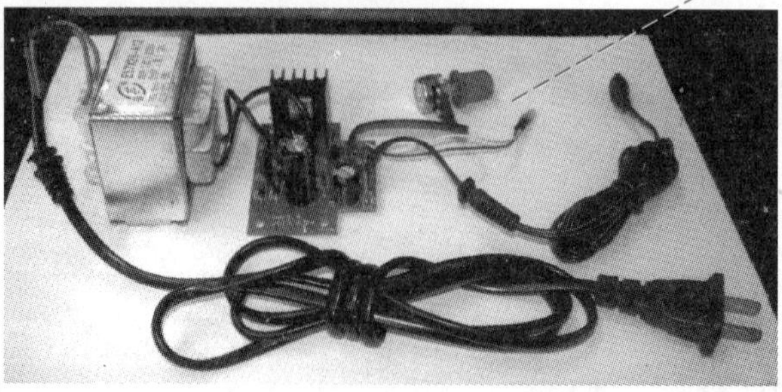	焊接处套装热缩管 焊接完毕的稳压电源 组装到此先告一段落，进行整机测试后再装入外壳

（续）

步序	步骤名称	图　示	说明
11	测量整流前的波形		取下电路板上的跳线帽JP1,在电路板上找到A、B点,示波器探头接于电路的A、B点
12	测量整流后的波形		装上跳线帽JP1,取下跳线帽JP2,示波器探头接于电路板的C、G点
13	测量滤波后的波形		装上跳线帽JP2,示波器探头接于电路的C、G点
14	测量输出电压可调范围		万用表的红、黑表笔分别接于电路的F、G点
15	将电路板、变压器装入机壳	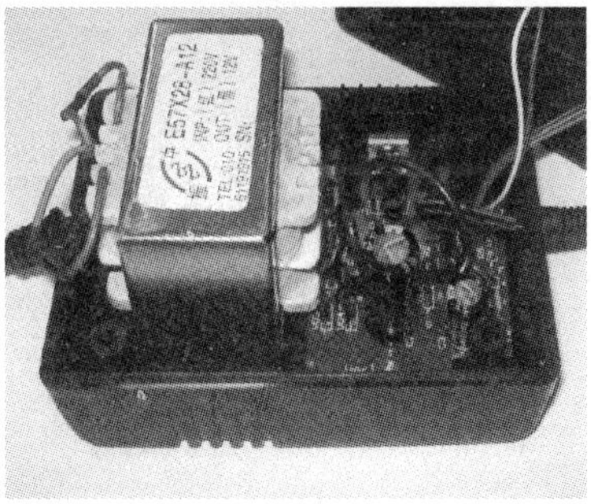	

（续）

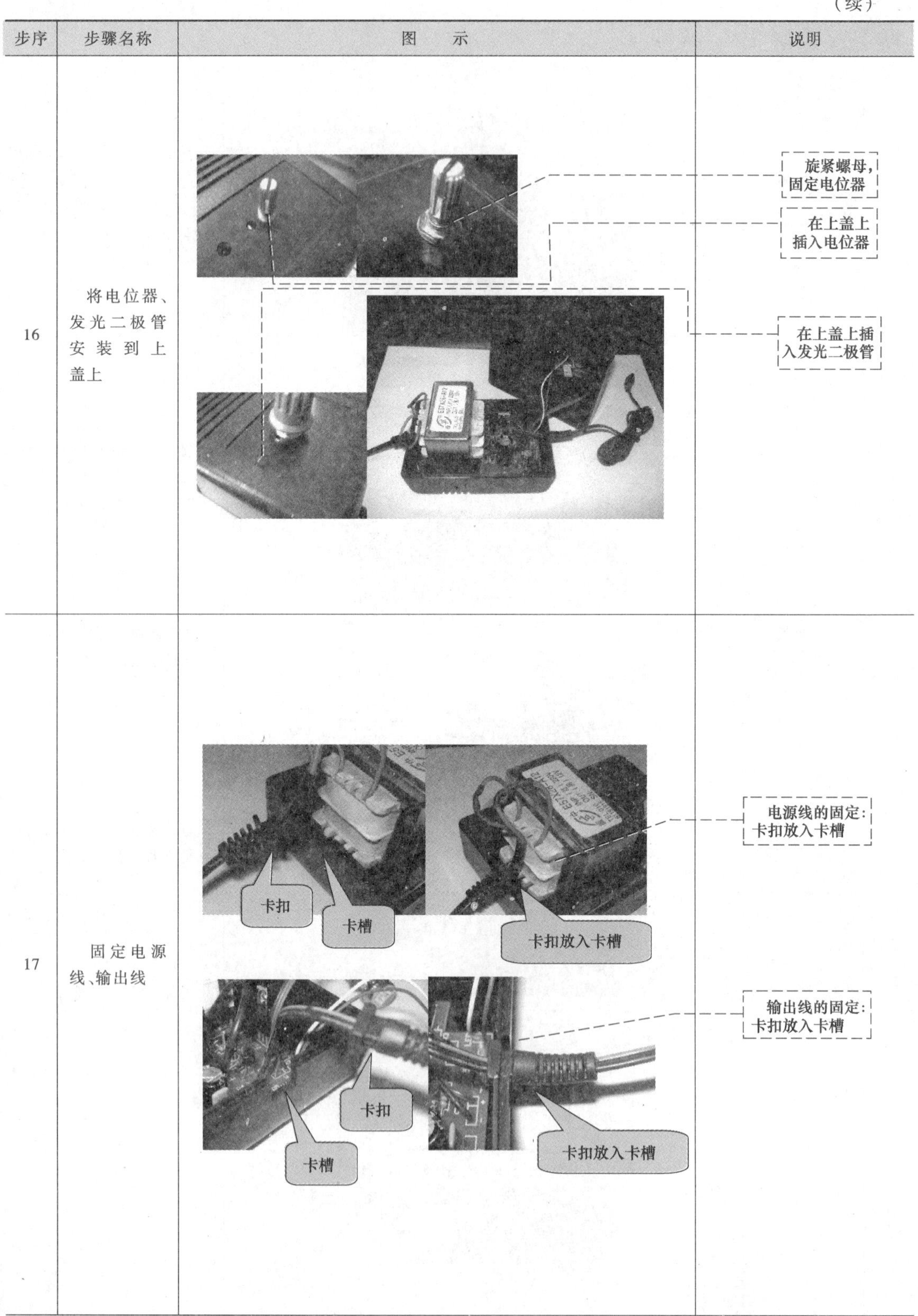

步序	步骤名称	图　　示	说明
16	将电位器、发光二极管安装到上盖上		旋紧螺母，固定电位器 在上盖上插入电位器 在上盖上插入发光二极管
17	固定电源线、输出线		电源线的固定：卡扣放入卡槽 输出线的固定：卡扣放入卡槽

（续）

步序	步骤名称	图示	说明
18	安装固定机壳，完成装配	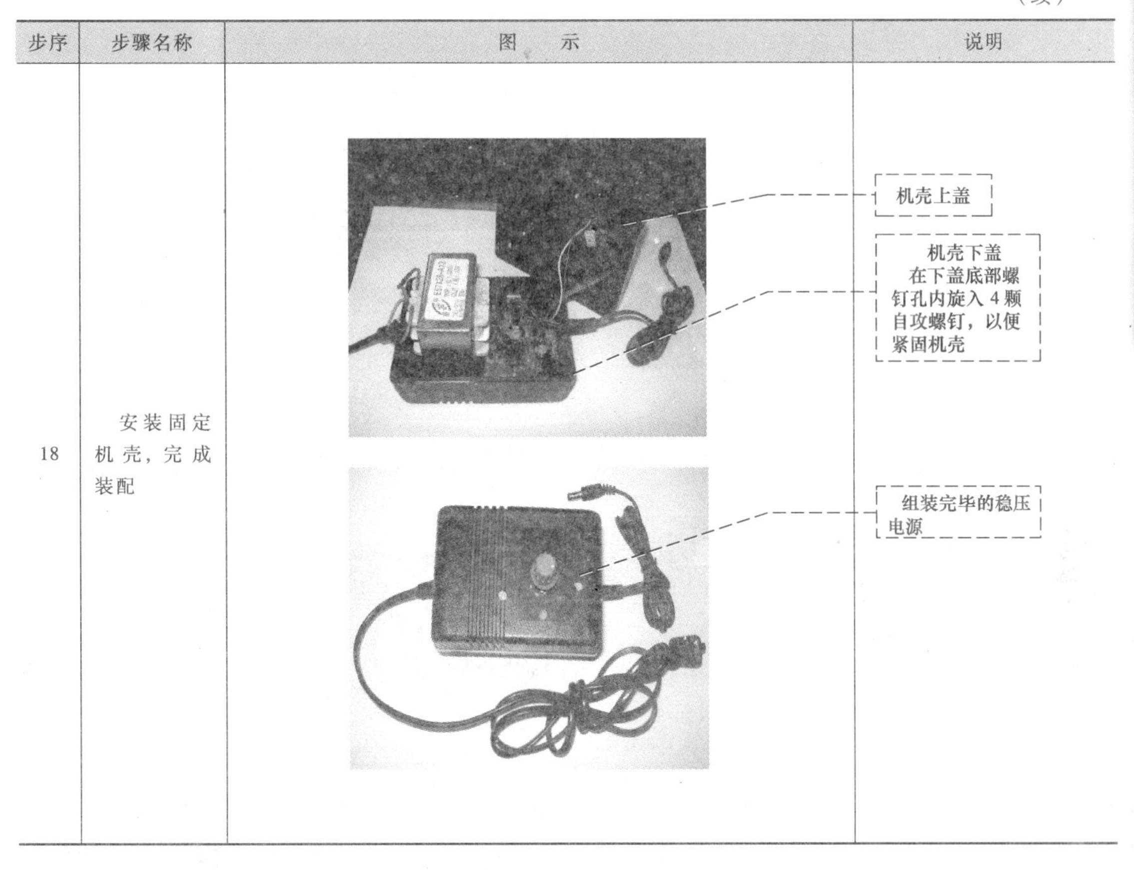	机壳上盖 机壳下盖 在下盖底部螺钉孔内旋入4颗自攻螺钉，以便紧固机壳 组装完毕的稳压电源

三、整机测试

用示波器观测整流电路输入、输出波形，见表1-5。

表1-5　整流电路输入、输出波形

测试点	峰-峰值	频率	波形图
输入：A-B点（JP1开路）	$37.6V_{(p\text{-}p)}$	50Hz	

（续）

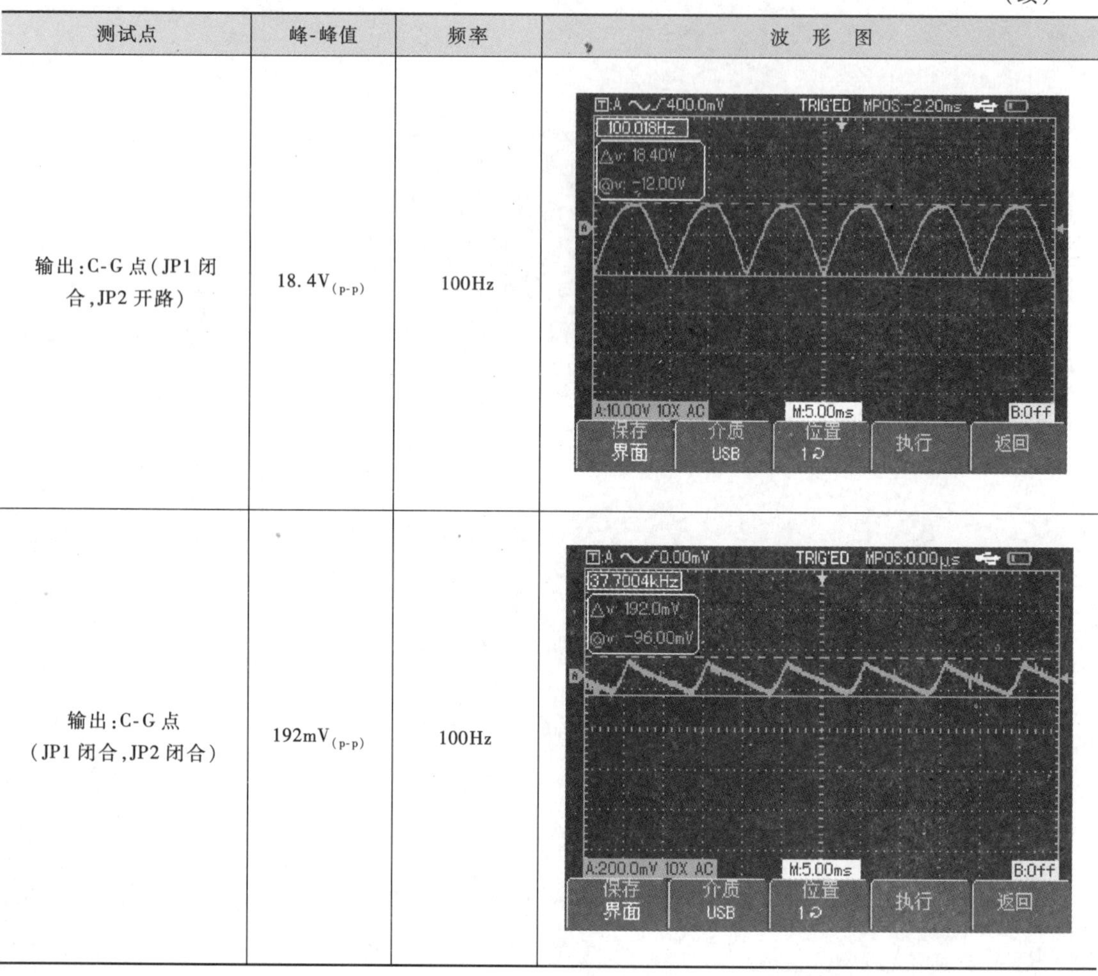

测试点	峰-峰值	频率	波形图
输出：C-G 点（JP1 闭合，JP2 开路）	$18.4V_{(p-p)}$	100Hz	
输出：C-G 点（JP1 闭合，JP2 闭合）	$192mV_{(p-p)}$	100Hz	

任务评价

任务评价见表 1-6。

表 1-6　任务评价表

评价项目	评价标准
整机电路的工作原理	1. 能识读串联型稳压电路组成框图，说出稳定电压的工作原理 2. 能识读电路原理图，说出各主要元器件的名称、作用
元器件安装工艺	1. 元器件排列整齐，与电路板间距适当 2. 特殊元器件按要求安装
焊接质量	1. 电气连接可靠 2. 机械强度足够强 3. 外观光洁整齐
整机测试	1. 测试点选取正确 2. 示波器使用方法正确 3. 测试波形正确

知识拓展1——自恢复熔体

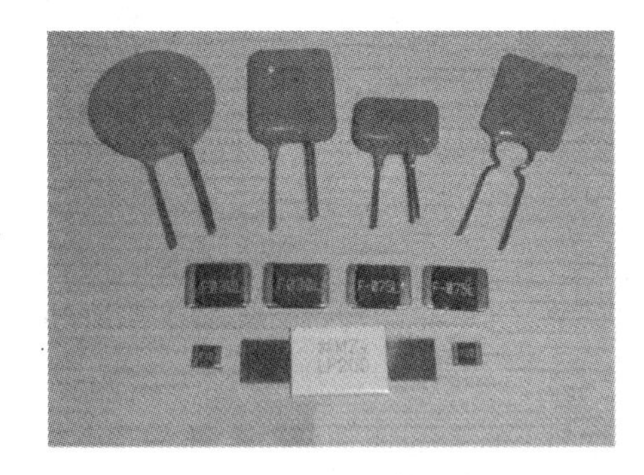

图 1-13　自恢复熔体实物图

自恢复熔体是一种过电流电子保护器件，实物如图1-13所示。传统熔体的过电流保护，仅能保护一次，烧断了需更换，而自恢复熔体具有过电流、过热保护，故障排除后自动恢复免更换的先进功能。

自恢复熔体由经过特殊处理的聚合树脂（Polymer）及分布在里面的导电粒子（Carbon Black）组成。在正常操作下，聚合树脂紧密地将导电粒子束缚在结晶状的结构外，构成链状导电通路，此时的自恢复熔体为低阻状态，线路上流经自恢复熔体的电流所产生的热能小，不会改变晶体结构。当线路发生短路或过载时，流经自恢复熔体的大电流产生的热量使聚合树脂融化，体积迅速增长，形成高阻状态，工作电流迅速减小，从而对电路进行限制和保护。当故障排除后，自恢复熔体重新冷却结晶，体积收缩，导电粒子重新形成导电通路，自恢复熔体恢复为低阻状态，从而完成对电路的保护，无须人工更换。

知识拓展2——稳压二极管并联型稳压电源

一、稳压二极管的稳压特性

从普通二极管和稳压二极管的伏安特性曲线（见图1-14、图1-15）可以看出，稳压二极管的反向特性曲线在击穿区域比普通二极管更陡直，这表明稳压二极管击穿后，通过稳压二极管的电流变化（ΔI_Z）很大，而稳压二极管两端电压变化（ΔU_Z）很小，说明稳压二极管两端电压（U_Z，即稳压值）基本保持一个固定值，起到了稳压的作用。

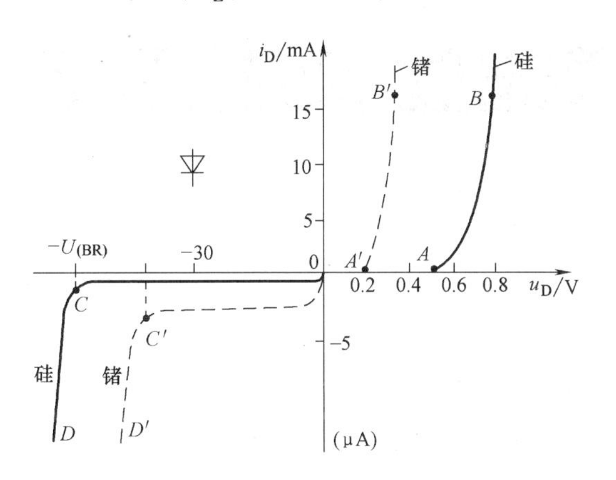

图 1-14　普通二极管的伏安特性曲线

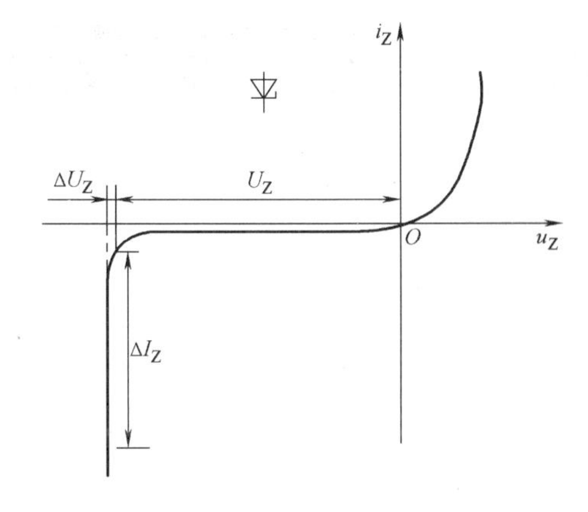

图 1-15　稳压二极管的伏安特性曲线

稳压二极管工作在反向击穿区时，流过稳压二极管的电流在相当大的范围内变化，其两端的电压基本不变。利用稳压二极管的这一特性可实现电源的稳压功能。

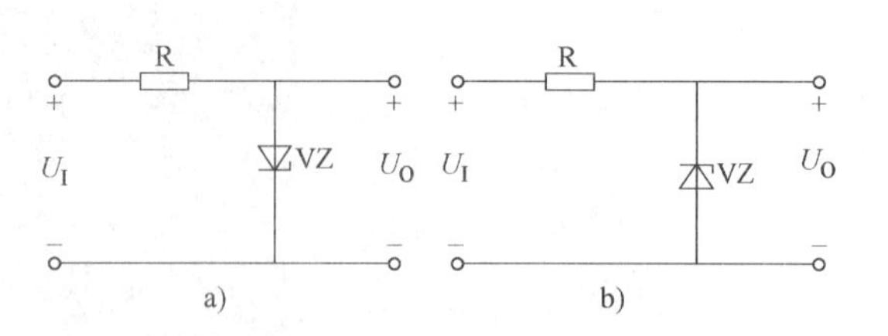

图 1-16　稳压二极管电路图

a）正向导通　b）反向击穿

图 1-16 表达出稳压二极管的特性：

稳压二极管特性：

正向导通，与普通二极管一样，$U_o=0.7V$；反向击穿时稳压，$U_o=U_z$。

二、稳压二极管并联型稳压电路

图 1-17 所示的是稳压二极管稳压电路，电路中的稳压二极管 VZ 并联在负载 RL 两端，所以这是一个并联型稳压电路。稳压电路的输入电压 U_I 来自整流、滤波电路的输出电压，电阻 R 起限流和分压作用。

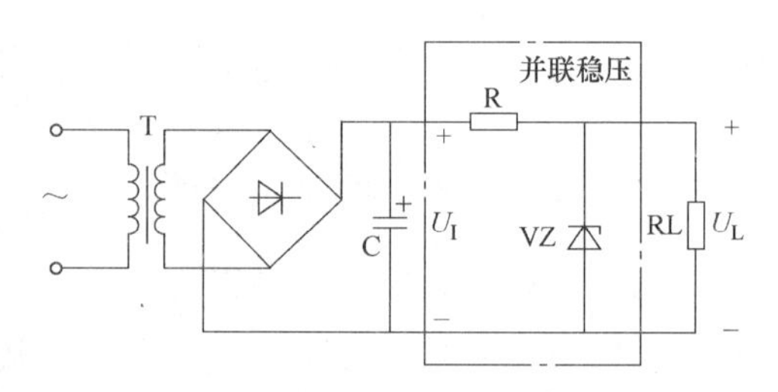

图 1-17　稳压二极管稳压电路

输入电压 $U_I>U_Z$ 时，VZ 反向击穿进入稳压状态；电阻 R 一方面承受剩余部分电压，另一方面限制电路的电流，防止稳压二极管 VZ 因为电流过大而烧毁，所以电阻 R 起限流和分压作用。

拓展任务　制作开关电源

任务描述

制作一款输出电压为 6V、电流为 300mA 的开关电源，此电源可以为我们制作过的一些小制作供电，也可以改变其输出电压为 5V，作为手机的充电器用。图 1-18 是其电路图，图 1-19 是其实物图。

任务分析

完成本任务，首先要分析这款开关电源的工作原理与稳压过程；知道如何在一定范围内调整其输出电压；最后根据电路原理图和组装步骤焊接、组装出开关电源。这次的制作直接将市电 220V 接入电路，电路板上部分元器件带有高压电，所以一定要按照组装步骤操作，装上机壳后才可以通电测试，注意操作安全。

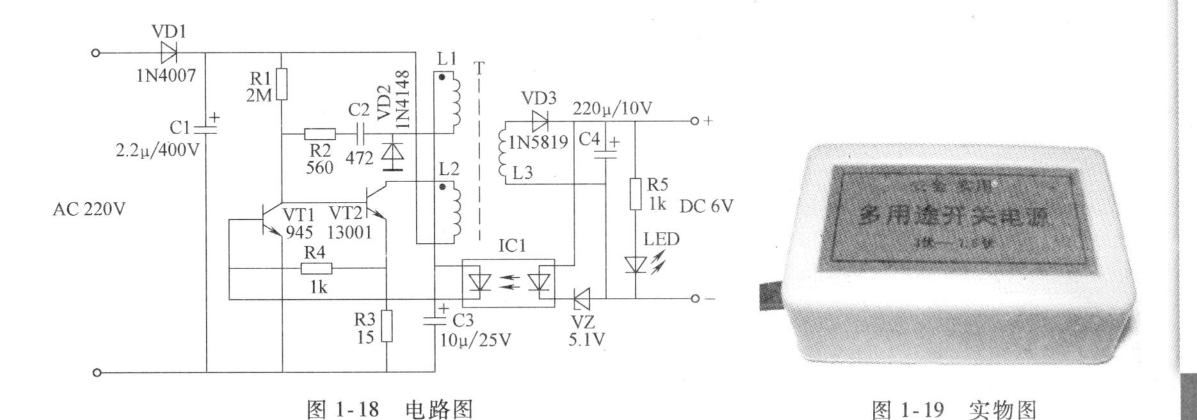

图 1-18　电路图

图 1-19　实物图

任务目标

1. 理解开关电源的工作原理与稳压过程。
2. 知道如何调整开关电源的输出电压。
3. 注意开关电源调试时的安全要求。

知识铺垫

一、开关电源概述

前面制作的两款稳压电源，电源调整管都工作在线性放大区，这样的稳压电源称为线性稳压电源。由于线性稳压电源的调整管工作在放大状态，其集电极电流 I_C 持续存在；且调整管上有一定的电压降 U_{CE}；在输出较大电流时，$P=U_{CE}I_C$，致使调整管的功耗大、发热量大，需要加体积庞大的散热器。调整管的功耗大，使很多电能都白白消耗在了调整管上，致使稳压电源的转换效率低，而且还需体积大、重量沉的电源变压器。所以线性稳压电源的主要缺点是效率低、体积大、重量沉。

针对线性稳压电源存在的缺点，人们开发出了开关稳压电源。开关稳压电源和线性稳压电源在电路结构上是完全不一样的，如图 1-20 所示。开关稳压电源顾名思义有开关动作，开关稳压电源的调整管工作在饱和和截止的开关状态；调整管的集电极电流 I_C 间隔出现，

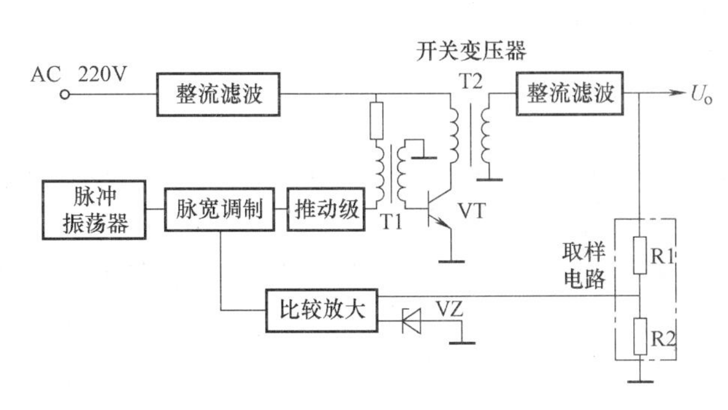

图 1-20　开关稳压电源结构图

图 1-21　开关稳压电源实物照片

所以其平均值较小、功耗低；因而发热量小，消耗的电能少，效率高。它利用改变占空比或变频的方法实现不同的输出电压，实现较为复杂。开关稳压电源可以省去沉重的铁心变压器，改用体积小、重量轻的磁心变压器，因此可以缩小体积，减轻重量，如图 1-21 所示。开关稳压电源的缺点是纹波和开关干扰较大。

在表 1-7 中列出了线性稳压电源与开关稳压电源各自的优缺点，它们各有优缺点，在应用上互补共存。

表 1-7　线性稳压电源与开关稳压电源特性对照表

	线性稳压电源	开关稳压电源
调整管工作状态	放大区	开关状态
优点	纹波小，对外部电路没有电磁干扰	效率高，体积小，重量轻，便于携带
缺点	效率低，体积大，重量沉，携带不方便	有开关脉冲电磁辐射，对外部设备有干扰，纹波大
应用场合	对体积、效率要求不高，对电磁干扰敏感的设备，例如收音机、精密仪表等	对于电源效率和安装体积有要求的设备，例如液晶电视、笔记本式计算机、充电器等

二、电路中的元器件作用

在图 1-18 中，VD1 是整流二极管，由 VD1 构成半波整流电路。C1 是滤波电容。

电阻 R1 是起动电阻，为 VT2 提供基极偏置。

VT1 是开关控制管，VT2 是开关管。

R2、C2 是正反馈元件，为 VT2 基极提供正反馈信号。

R3 为过电流检测电阻；R4 为隔离电阻，避免 IC1 反馈回的控制信号被 R3 短路掉。

T 是开关变压器，起到储能、一二次/高低压隔离的作用。

VD3 是整流二极管；C4 是滤波电容。

R5、VD5 组成输出指示电路。

IC1 光耦合器是一二次侧/高低压隔离、提供反馈信号的作用。

VZ 是一只稳压二极管，由其调整开关电源的输出电压。

VD2 是整流二极管；C3 是滤波电容。

三、原理分析

当接通市电后，经 VD1 整流、C1 滤波后，在 C1 两端会有 300V 左右的直流电压；通过 R1 给 VT2 的基极提供电流，从而使 VT2 产生集电极电流；VT2 的集电极电流会流经开关变压器 T 的 L2 绕组，在 T 中存储磁能，并同时在 T 的 L1 绕组上产生感应电压，此电压通过 C2、R2 正反馈到 VT2 的基极，通过正反馈使 Q2 最终导通，导通之后 L2 绕组中的电流不再变化，C2 充电电流逐渐减小，开关管 VT2 进入截止区，这时 T 释放磁能，L3 绕组产生感应电压经 VD3 向 C4 充电，C4 充电电压升高到 6V 以上，该输出电压经光耦合器内部的发光二极管使稳压管 VZ 击穿，光耦合器一、二次侧同时导通，使 T 的 L1 绕组由 VD2 整流的输出电压加到 VT1 的基极，VT1 饱和导通，开关管 VT2 停振，此时 C4 向负载电路放电，当 C4 放电电压低于 6V 时稳压管 VZ 截止，VT1 随即截止，开关管 VT2 又开始振荡重复上述过程。其结果通过振荡—抑制过程保持输出电压的稳定。

四、输出电压的调整

通过上面的分析可知，改变稳压管 VZ 的稳压值，即可改变光耦合器一、二次侧导通值，进而改变电路的振荡—抑制过程的阈值，从而改变输出电压。这种方法适用于小范围改变输出电压，例如本电源设定的输出电压为 6V，采用本方法可以在 3～8V 范围内改变输出电压值。要大范围改变输出电压，要采用改变变压器 T 二次绕组匝数的方法来调整输出电压。

五、过电流、过载、短路保护分析

本电路虽然元器件少，但是还设计有过电流、过载、短路保护功能。当负载过电流、过载或者短路时，VT2 的集电极电流大增，而 VT2 的发射极电阻 R3 会产生较高的压降，这个过电流、过载或者短路产生的高电压会经过 R4 让 VT1 饱和导通，从而使 VT2 截止，停止输出，防止过电流、过载损坏开关电源的元器件。

任务实施

一、实操准备

1. 开关电源套件。
2. 电子装配常用工具。
3. 指针万用表。

二、制作步骤

制作步骤见表 1-8。

表 1-8 制作步骤

步序	步骤名称	图 示	说明
1	装焊电阻		电阻都是卧式安装 本制作用到 5 个电阻 R1:2MΩ R2:560Ω R3:15Ω R4、R5:1kΩ

（续）

步序	步骤名称	图示	说明
2	装焊二极管		VZ壳体上印有C5V1字样 LED为发光二极管，先不装 本制作用到5个二极管 VD1:1N4007 VD2:1N4148 VD3:1N5819 VZ:C5V1
3	装焊光耦合器IC1		型号:JC817 光耦合器上的圆圈和PCB上的白色圆圈要对应，这时光耦合器引脚的安装顺序是正确的
4	安装USB插座		USB插座
5	装焊开关变压器T		开关变压器T要插到底，否则会影响机壳的安装
6	焊装晶体管VT1、VT2		VT1:C945 VT2:13001

（续）

步序	步骤名称	图示	说明
7	装焊 4 只电容		C1:2.2μF/400V C2:4700pF C3:10μF/25V C4:220μF/10V
8	装焊发光二极管 LED		发光二极管的高度与开关变压器T的高度持平即可
9	焊装电源线	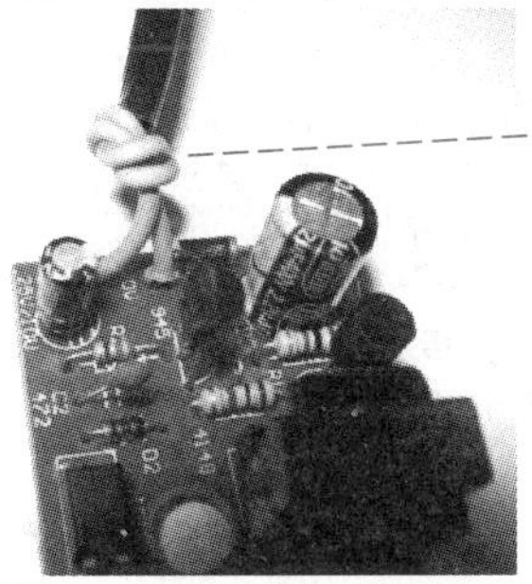	电源线要系个扣，可以避免装入机壳后线被抻断
10	电路板装入机壳	 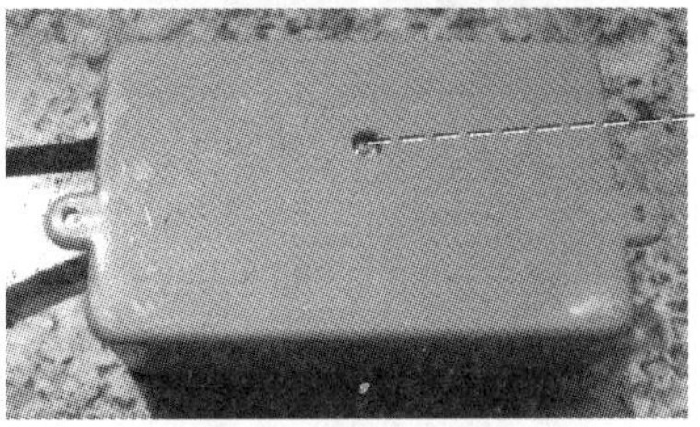 	电路板装入机壳 机壳盖上盖板，用螺钉紧固 组装完毕的开关电源实物

三、整机测试

注意，一定要在电源输入端电阻值测试值在正常范围、电源机壳装好、电路板不外露的情况下才可以通电测试。

1. 电源输入端电阻值测试

将指针万用表置于 R×1k 档，两支表笔接于开关电源的 220V 电源插头两端进行测量，表笔对调后再进行一次测量，最终得到两次测量结果，分别是≥400kΩ 及∞。如果测量值符合上面的结果，则证明电路没有短路故障，可以通电测试；如果测量值远小于上面的结果，则电路可能有短路故障、元器件损坏故障，需要排除故障后才能通电测试。

2. 输出电压测试

将 USB 输出线插在本电源的 USB 插座上，测试电源的输出电压，电压值应为 6(1±5%)V；如果输出电压值偏离过大，请更换 VZ，使输出电压符合要求。

任务评价

任务评价见表 1-9。

表 1-9 任务评价表

评价项目	评 价 标 准
开关电源原理图识读分析	1. 能够说出图中各元器件的作用 2. 会分析本开关电源的工作过程 3. 知道如何在小范围调整输出电压
元器件安装工艺	1. 元器件安装方式正确 2. 元器件排列整齐 3. 电路板和元器件无烫伤和划伤处，整机清洁无污物
焊接质量	1. 焊点吃锡量适中 2. 机械强度足够高 3. 外观光洁整齐无毛刺
整机功能检测	输出电压为 6(1±5%)V

知识拓展——光耦合器

一、光耦合器的基本结构

光耦合器是以光为媒介传输电信号的一种电—光—电转换器件。它由发光源和受光器两部分组成，把发光源和受光器组装在同一密闭的壳体内，彼此间用透明绝缘体隔离，结构如图 1-22 所示。发光源的引脚为输入端，受光器的引脚为输出端，常见的发光源为发光二极管，受光器为光敏二极管、光敏晶体管等。

图 1-22 所示的光耦合器受光器为光敏晶体管，图 1-18 中光耦合器 IC1 的受光器为光敏二极管。光耦合器实物如图 1-23 所示。

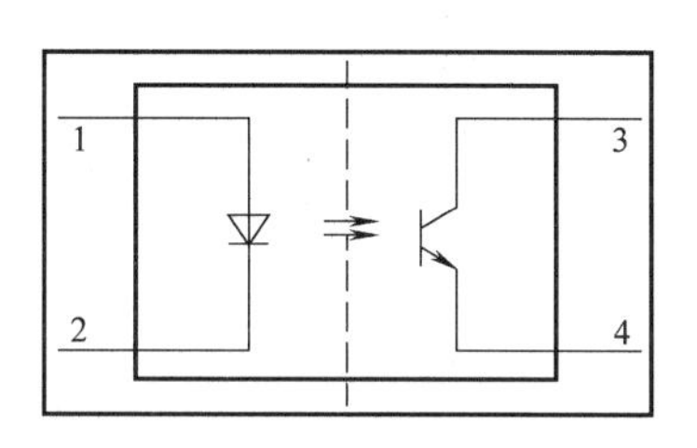

图 1-22　光耦合器结构图

图 1-23　光耦合器实物图

二、光耦合器的工作原理

在光耦合器输入端加电信号使发光源发光，光的强度取决于电信号电流的大小，此光照射到封装在一起的受光器后，因光电效应而产生了光电流，由受光器输出端引出，这样就实现了电—光—电的转换。

三、光耦合器的作用

光耦合器以光为媒介传输电信号，因此它对输入、输出电信号有良好的隔离作用，在传输电信号的同时使电路的级间具有良好的电绝缘能力。

※学习单元小结※

知识点
- 直流稳压电源组成方框图
- 纹波的危害与抑制方法
- LM317在电路中的应用原理
- 集成电路直流稳压电源的工作原理
- 分立元件串联型稳压电源的构成及工作原理

技能点
- 识读集成电路直流稳压电源的电路原理图
- 识读分立元件串联型直流稳压电源的电路原理图
- 识别、检测元器件
- 正确装焊电路
- 正确选取电路中的测试点，使用示波器测出波形

学习单元二
制作超外差式收音机

※学习单元导读※

收音机是人们生活中的常用电子产品，我们经常收听的广播主要有两类，调幅广播（AM，俗称“中波”）和调频广播（FM），所以收音机也分为调幅收音机和调频收音机，还有可以同时收听这两种广播的收音机——调幅/调频收音机。

不管是哪一种收音机，都使用了“超外差”技术，所谓超外差是指利用本地产生的振荡波与输入信号混频，将输入信号频率变换为某个预先确定的频率的方法，这种技术广泛应用在收音机、电视机中。

本单元通过读者自己制作、测试超外差式调幅收音机，了解调制、解调等无线电广播与接收的基本原理，学习功率放大电路、调谐放大器等电路知识，通过使用信号源、示波器等仪器对收音机进行测试，全国提高自己的知识和技能。

※学习单元导图※

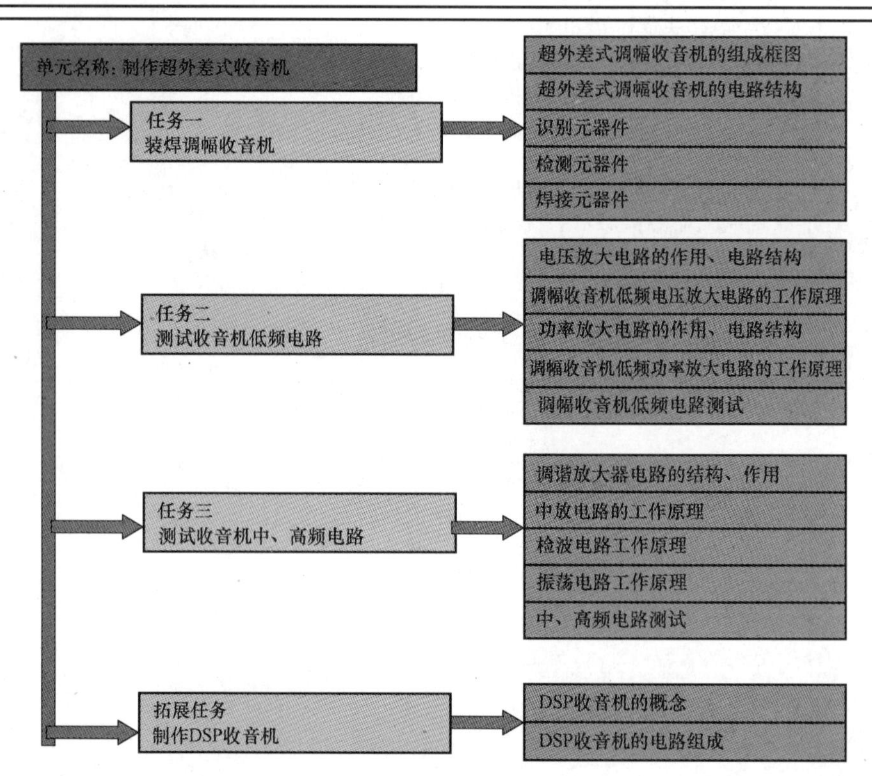

※学习单元目标※

一、知识目标

1. 掌握超外差式调幅收音机的组成框图及各单元电路的作用。
2. 掌握功率放大电路、调谐放大器的电路结构及工作原理。
3. 熟悉调制、解调的概念。
4. 熟悉振荡电路的工作原理。
5. 熟悉超外差式调幅收音机电路的工作原理。

二、 能力目标

1. 能够根据电路原理图识别元器件。
2. 能够正确找到元器件在电路板上的位置，并在电路板上正确插装元器件。
3. 焊接质量达到标准。
4. 能够熟练使用信号源、示波器、万用表测试收音机电路。

任务一　装焊调幅收音机

任务描述

本任务是制作调幅收音机。调幅收音机电路以 6 只晶体管为核心，包括电阻、电容、中频变压器、音频变压器、开关电位器等多种元器件，接收波段为 535～1605kHz，供电电压为 3V。超外差式调幅收音机的特点是灵敏度高，选择性好。

任务分析

要完成本任务，首先要学习调制、调幅等无线电广播的基础知识，学习调幅收音机的组成框图，各部分电路的作用，识读电路原理图。然后根据电路原理图识别、检测元器件，进行电路板焊接，完成调幅收音机制作。在电路板装焊的过程中，特别要学习中频变压器、音频变压器、双联等收音机特有的元器件的结构和作用。

任务目标

1. 理解调制的概念。
2. 掌握调幅的概念、调幅波的画法。
3. 能够识读调幅收音机的电路原理图。
4. 能够根据电路原理图识别元器件。
5. 能够正确找到元器件在电路板上的位置，并在电路板上正确插装元器件。
6. 焊接质量达到标准。

知识铺垫

一、调幅波

1. 无线电波发射的基本原理

我们知道，利用天线可以把无线电波向空中发射出去。但是天线长度必须和电波波长相对应，才能有效地发射，而且只有频率相当高的电磁场才具有辐射能力，因此必须利用频率较高的无线电波才能传送信号。我们把无线电发射机中产生的高频振荡作为“载波”，将音频信号加到“载波”上，这个过程称为调制。经过调制以后的高频振荡称为已调信号。利用传输线可把已调信号送到发射天线，变成无线电波发射到空间去。经过调制，可以使广播信号有效地发射，而且不同的发射机可以采用不同的“载波”频率，彼此互不干扰。

2. 调幅波的概念

把音频信号装载到高频载波中去称为调制，调制有调幅、调频和调相三种方式。

所谓调幅是指高频载波的幅度随音频信号的变化而变化，而载波的频率不变化。例如，声音经传声器转换成音频信号，用此音频信号改变发射机中、高频载波的振幅就是调幅。声音越大，高频载波的振幅变化也越大。利用这种调制方式得到的已调波，称为调幅波。一般长、中、短波广播采用调幅方式。图 2-1 绘出了调幅波的波形。

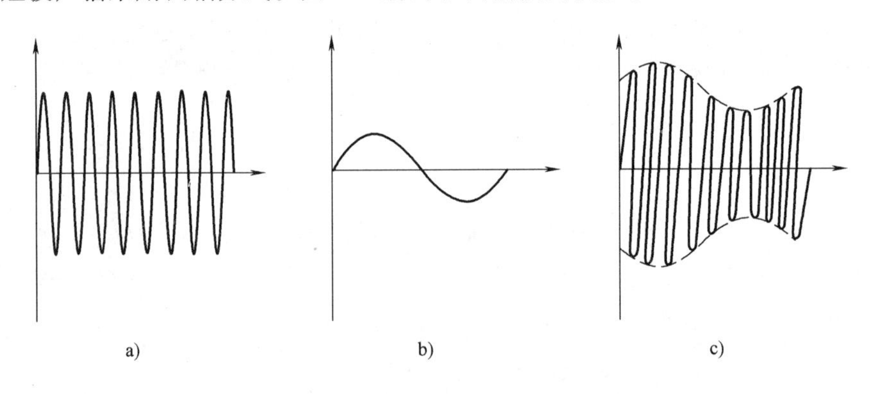

图 2-1　调幅波的波形图

a）高频信号　b）音频信号　c）调幅信号

二、调幅广播接收的频率范围

调幅广播在人类广播史中占有重要的历史地位，作为调幅广播接收的工作物——接收机，既可以独立的形式存在——调幅收音机，也可以部分电路的形式存在于收录机中。因此，调幅广播接收机具有品种繁多、拥有量大的特点。

频率范围是指接收机所能接收的广播电台信号的频率宽度，一般称为波段，用频率单位千赫（kHz）或兆赫（MHz）来表示，有时也用波长单位米（m）来表示。接收机的频率范围是在进行产品设计时确定的，并体现在接收机所能接收的波段数上。一个波段就是一个频率范围，一般调幅广播中波只设一个波段，其频率范围按国家标准（GB/T 9374—2012）规定为 526.5~1606.5kHz；短波为 2.3~26.1MHz，可分为一个或几个波段。

三、超外差式接收机的组成框图

为了保证接收机有足够的灵敏度和选择性，现代的广播接收机，不论是收音机还是收录机，不管是调幅接收还是调频接收，几乎都采用了超外差原理。所谓外差是指把高频载波信号变换成固定中频载波信号的过程。

图 2-2 所示为超外差式调幅收音机的组成框图。从天线感应得到的电台载波调幅信号，经输入电路的选择（有的再经过高频放大）进入变频器。变频器中的本机振荡频率信号与接收到的电台载波频率信号在变频器内经过混频作用，得出一个与接收信号调制规律相同但有固定不变的较低载频的调幅信号，混频后得到的这个载频称为中频。经中频放大电路后得到的中频信号仍是调幅信号，必须用检波器（解调器）把原音频调制信号解调出来，滤去残余中频分量，再由低频（音频）电压放大电路、功率放大电路放大后送到扬声器发出声音。

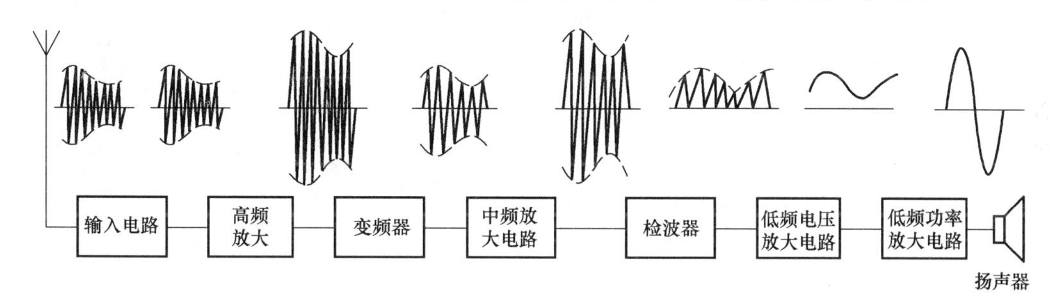

图 2-2　超外差式调幅收音机的组成框图

在接收机中，将从天线而来经过输入电路后的高频信号直接进行放大的电路称为高频放大器。在超外差式接收机中，如果有高频放大器，就一定置于输入电路与变频器之间。

我国规定中频频率为：调幅广播 465kHz（日本、欧美等国为 455kHz），调频广播 10.7MHz。

四、调幅收音机的电路原理图

超外差式调幅收音机的电路原理如图 2-3 所示，电路按照频率可分为三个组成部分，分

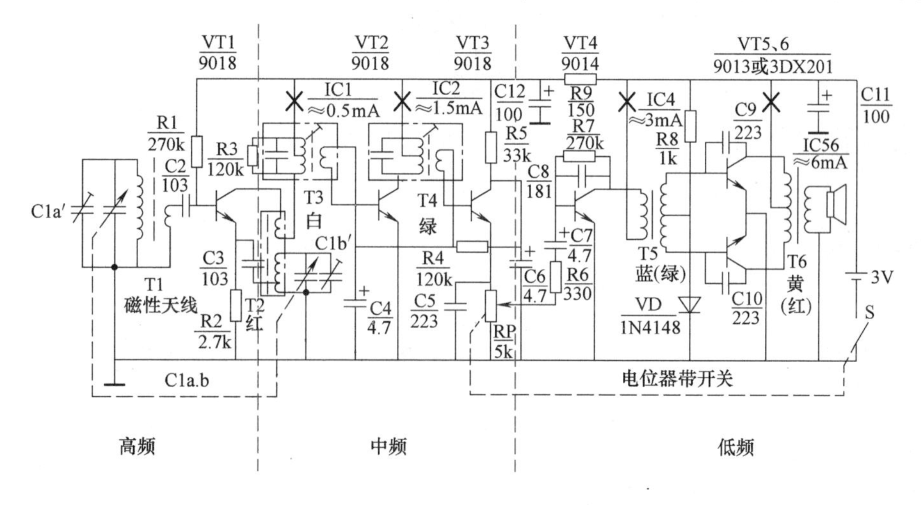

图 2-3　超外差式调幅收音机电路原理图

别为高频电路、中频电路、低频（音频）电路，晶体管是各部分电路的核心，各晶体管的作用如下：

VT1：变频管；VT2：中放管；VT3：检波管；VT4：音频电压放大管；VT5、VT6：音频功率放大管。

五、调幅收音机电路板图（见图 2-4）

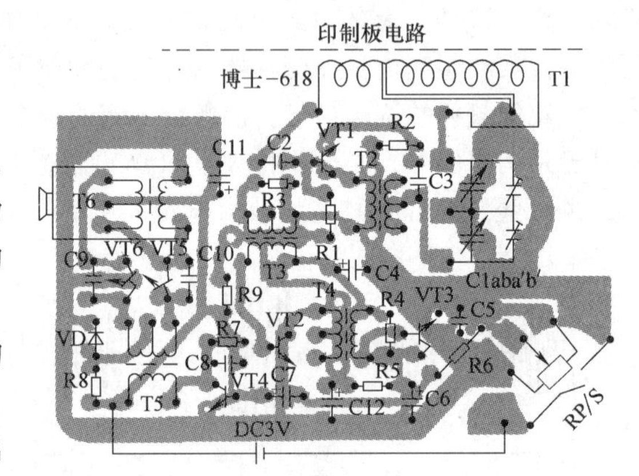

图 2-4　超外差式调幅收音机电路板图

六、元器件介绍

1. 音频变压器

音频变压器是工作在音频范围的变压器，又称低频变压器。它的工作频率范围一般为 10～20000Hz。常用于变换电压或变换负载的阻抗。音频变压器的外形如图 2-5 所示。

音频变压器按照其在电子线路中所处的位置，可分为 3 类：

1） 接在输出电路与负载之间的称为输出变压器。

2） 接在信号源与放大器输入端之间的称为输入变压器。

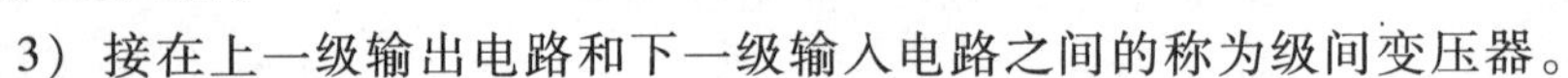

3） 接在上一级输出电路和下一级输入电路之间的称为级间变压器。

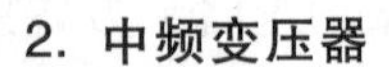

2. 中频变压器

中频变压器是超外差式调幅收音机中特有的一种具有固定谐振回路的变压器，但谐振回路可在一定范围内微调，以使接入电路后能达到稳定的谐振频率（465kHz）。微调借助于磁心相对位置的变化来完成。中频变压器的外形及内部结构如图 2-6 所示。

图 2-5　音频变压器的外形

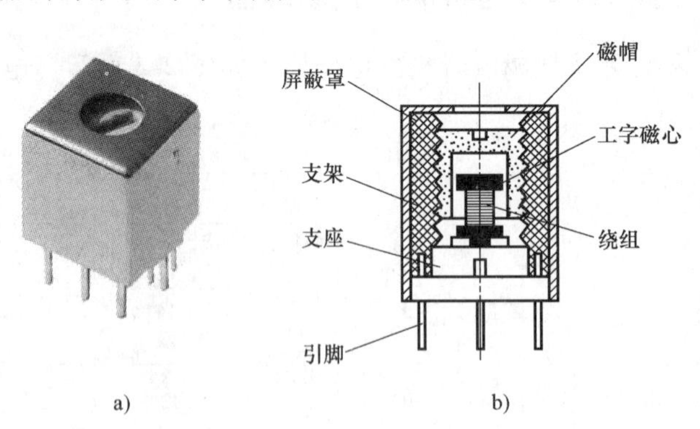

图 2-6　中频变压器的外形及内部结构
a）外形　b）内部结构

3. 可调电容器

可变电容器（见图 2-7）是一种电容量可以在一定范围内调节的电容器，通常在无线电接收电路中作调谐电容器用。

可变电容器一般由相互绝缘的两组极片组成：固定不动的一组极片称为定片，可动的一组极片称为动片。几只可变电容器的动片可合装在同一转轴上，组成同轴可变的电容器（俗称双联、三联电容器等）。

可变电容器容量的改变是通过改变极片间相对的有效面积或极片间距离实现的。可变电容器都有一个长柄，可装上拉线或拨盘调节。

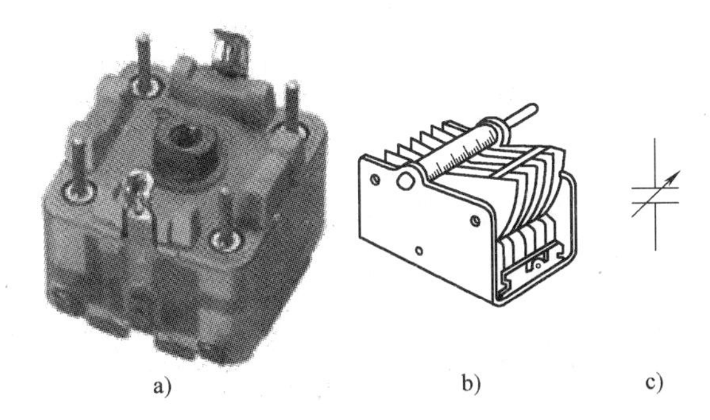

图 2-7　可调（可变）电容器

a）外形　b）内部结构　c）图形符号

4. **磁性天线**

在半导体收音机中，为提高输入回路的选择性和灵敏度，都采用磁性天线。磁性天线是由磁棒、一级线圈和二级线圈组成的，由于磁性天线的工作频率比较高，因此它是一种高频变压器。磁性天线如图 2-8 所示。

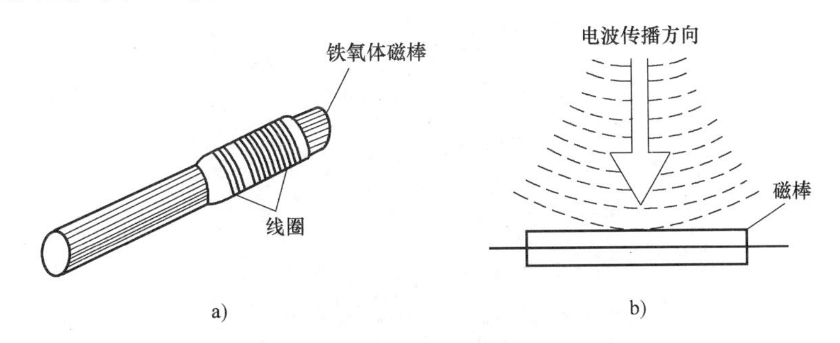

图 2-8　磁性天线

5. **扬声器**

图 2-9　扬声器

扬声器的外观如图 2-9 所示。

（1）扬声器的工作原理　音频电能通过电磁、压电或静电效应，可使扬声器的纸盆或膜片振动并与周围的空气产生共振（共鸣）而发出声音。

（2）分类

1）按换能机理和结构，可分为动圈式（电动式）、电容式（静电式）、压电式（晶体或陶瓷）、电磁式（压簧式）、电离子式和气动式扬声器等。电动式扬声器具有电声性能好、结构牢固、成本低等优点，应用广泛。

2）按声辐射材料，可分为纸盆式、号筒式、膜片式扬声器。

3）按纸盆形状，可分为圆形、椭圆形、双纸盆和橡皮折环扬声器。

4）按工作频率，可分为低音、中音、高音扬声器，有的还分成录音机专用、电视机专用、普通和高保真扬声器等。

5）按音圈阻抗，可分为低阻抗和高阻抗扬声器。

任务实施

一、实操准备

1. 调幅收音机套件（见图 2-10）。
2. 电烙铁和常用工具。
3. 数字万用表。
4. 调幅收音机电路原理图和电路板图。

图 2-10 调幅收音机套件

二、制作步骤

制作步骤见表 2-1。

表 2-1 制作步骤

步序	步骤名称	图示	说明
1	安装、焊接电阻	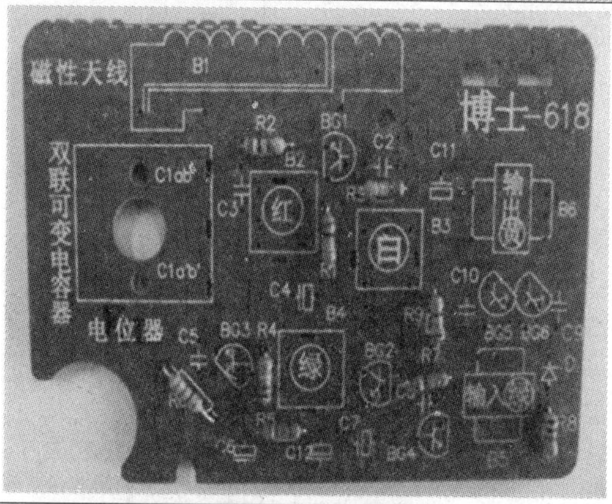	本制作用到 9 个电阻： R1：270kΩ R2：2.7kΩ R3：120kΩ R4：120kΩ R5：33kΩ R6：330Ω R7：270kΩ R8：1kΩ R9：150Ω
2	安装、焊接二极管		二极管焊接要注意正、负极 二极管 VD：1N4148
3	安装、焊接瓷片电容、独石电容	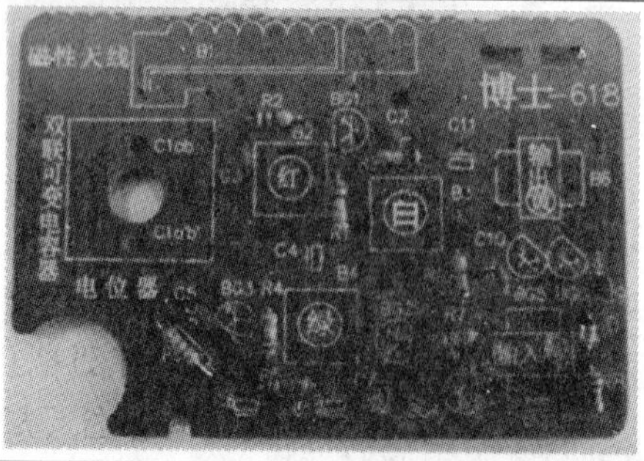	瓷片电容： C2：0.01μF C3：0.01μF C5：0.022μF C9：0.022μF C10：0.022μF 独石电容：C8：180pF

（续）

<table>
<tr><th>步序</th><th>步骤名称</th><th>图示</th><th>说明</th></tr>
<tr><td rowspan="2">4</td><td>安装、焊接晶体管</td><td></td><td>VT1:9018
VT2:9018
VT3:9018
VT4:9014
VT5:9013
VT6:9013</td></tr>
<tr><td colspan="3">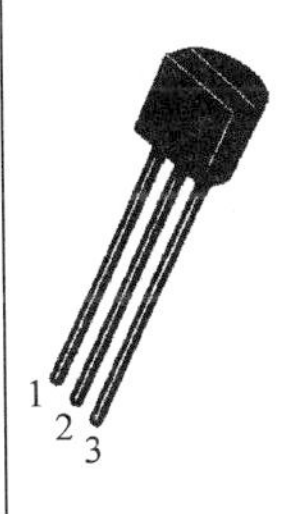
<table>
<tr><th>型号</th><th>1 脚</th><th>2 脚</th><th>3 脚</th><th>晶体管 h_{fe} 值</th></tr>
<tr><td>9018</td><td>E</td><td>B</td><td>C</td><td>141</td></tr>
<tr><td>9014</td><td>E</td><td>B</td><td>C</td><td>287</td></tr>
<tr><td>9013</td><td>E</td><td>B</td><td>C</td><td>202</td></tr>
</table></td></tr>
<tr><td>5</td><td>安装、焊接电解电容</td><td></td><td>C11:100μF
C12:100μF
C4:4.7μF
C6:4.7μF
C7:4.7μF</td></tr>
<tr><td>6</td><td>安装、焊接音频变压器、中频变压器</td><td>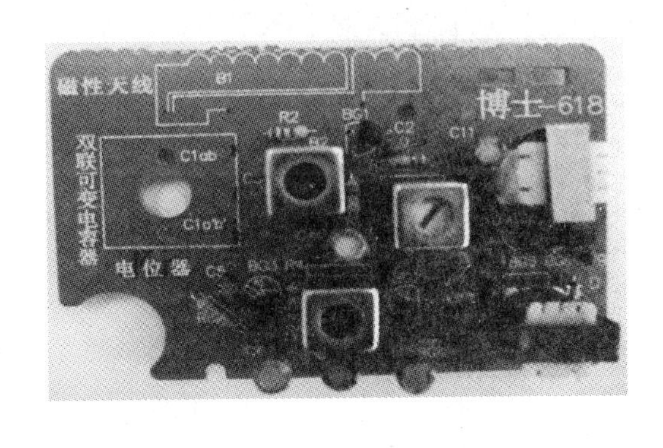
</td><td>T5:输入变压器，保护外皮颜色:绿
T6:输出变压器，保护外皮颜色:红
T2:磁帽颜色:红
T3:磁帽颜色:白
T4:磁帽颜色:绿</td></tr>
</table>

（续）

步序	步骤名称	图示	说明
7	安装、焊接双联可调电容	  CBM-223 博士-618	双联由两组可调电容组成，一组用于调谐（选台），另一组用于本机振荡 使用螺钉固定拨盘，转动拨盘调节电容值
8	安装、焊接开关电位器	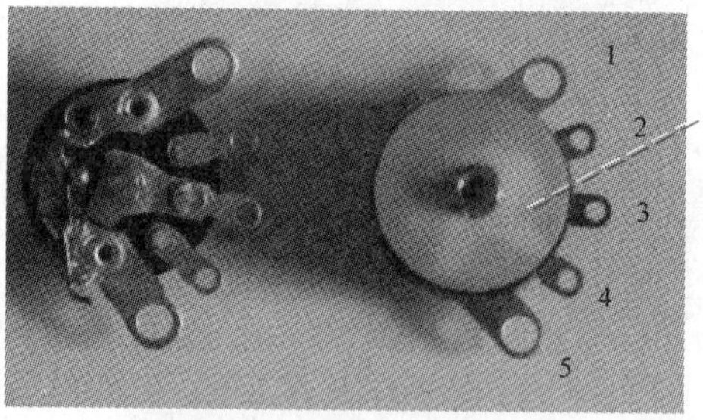  1 2 3 4 5 博士-618	开关：1脚和5脚 电位器：2脚、3脚、4脚 开关电位器直接焊接在电路板焊接面

（续）

步序	步骤名称	图　示	说　明
9	安装、焊接磁性天线	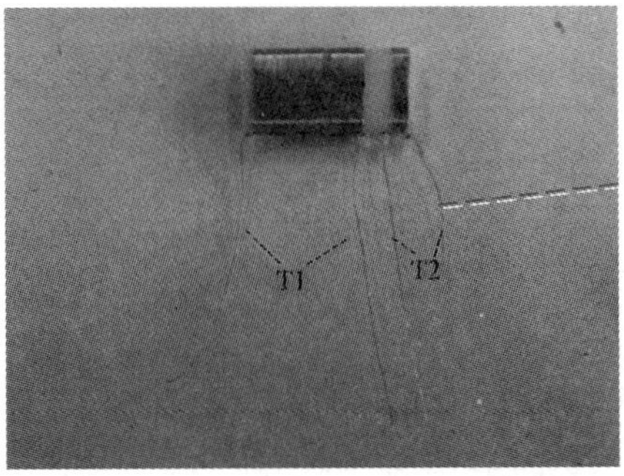 T1 T2	磁性天线线圈分为两组，分别是T1和T2
		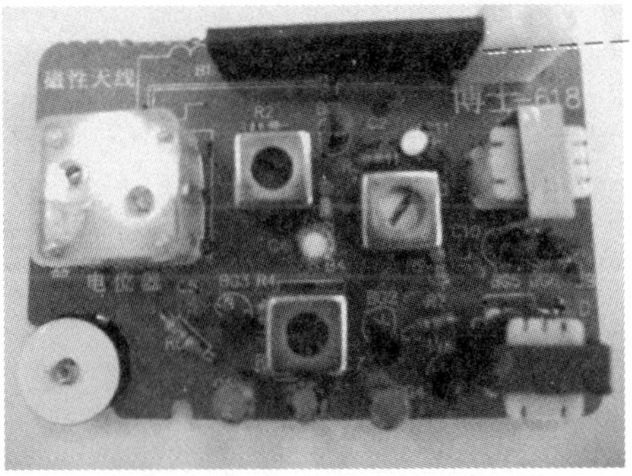 磁性天线 博士-618 电位器	固定磁棒
		 磁性天线 博士-618 电位器	将磁棒插入线圈中，按照电路板所示，T1、T2分别焊接各个接线端子
10	安装、焊接扬声器线、电源线	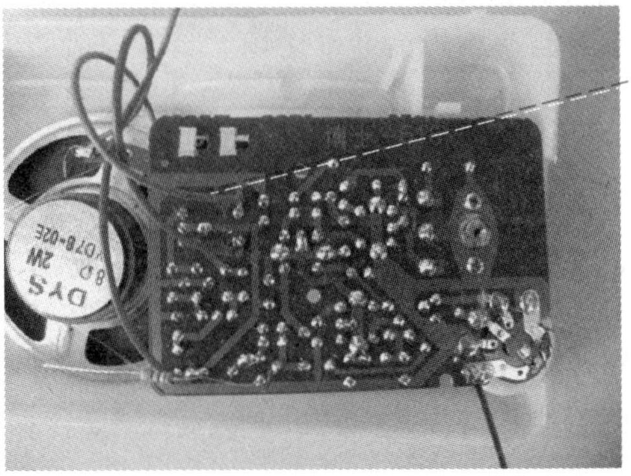 DYS 8Ω 2W	扬声器线和电源线焊接要注意正、负极

任务评价

任务评价见表 2-2。

表 2-2 任务评价表

评价项目	评 价 标 准
调幅收音机的工作原理	1. 能画出调幅收音机的组成框图 2. 能说出调幅收音机的频率范围 3. 能识读调幅收音机电路原理图,说出各主要元器件的名称、作用
元器件安装工艺	1. 元器件排列整齐,与电路板间距适当 2. 中频变压器、音频变压器、可调电容器、磁性天线安装正确、美观
焊接质量	1. 电气连接可靠 2. 机械强度足够强 3. 外观光洁整齐

知识拓展

一、无线电波的发射与接收（见图 2-11）

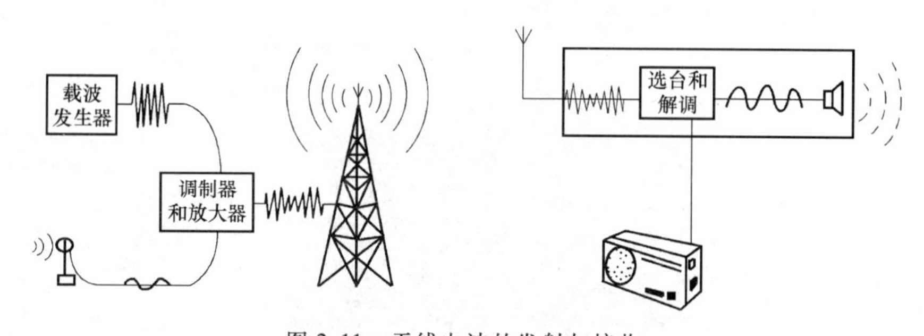

图 2-11 无线电波的发射与接收

1. 无线电波的发射

我们知道，利用天线可以把无线电波向空中发射出去。但是天线长度必须和电波波长相对应，才能有效地发射，而且只有频率相当高的电磁场才具有辐射能力，因此必须利用频率较高的无线电波才能传送信号。

2. 无线电波的接收

电磁波在空间传播时，如果遇到导体，会使导体产生感应电流，因此利用放在电磁波传播空间中的导体——接收天线，就可以接收到电磁波了。感应电流的频率与激起它的电磁波的频率相同。当接收电路的固有频率和接收到的电磁波的频率相同时，接收电路中产生的振荡电流最强。在收音机内具有接收无线电波的调谐装置。通过改变可变电容的电容大小，可以改变调谐电路的固有频率，进而使其与接收电台的电磁波频率相同，这个频率的电磁波就在调谐电路里激起较强的感应电流，这样就选出了电台。

二、调制的另外两种方式：调频和调相

1. 调频的概念

从图 2-12 中可以看到，载波的频率随调制信号变化而变化，称为调频波。

使载波频率按照调制信号改变的调制方式叫作调频，经过调频的波叫作调频波。已调波频率变化的大小由调制信号的大小决定，变化的周期由调制信号的频率决定。已调波的振幅保持不变。调频波的波形就像是个被压缩得不均匀的弹簧，调频波用英文字母 FM 表示。

2. 调相的概念

调相，即载波的初始相位随着基带数字信号而变化，例如数字信号 1 对应相位 180°，数字信号 0 对应相位 0°，如图 2-13 所示。这种调相的方法又叫相移键控（PSK），其特点是抗干扰能力强，但信号实现的技术比较复杂。

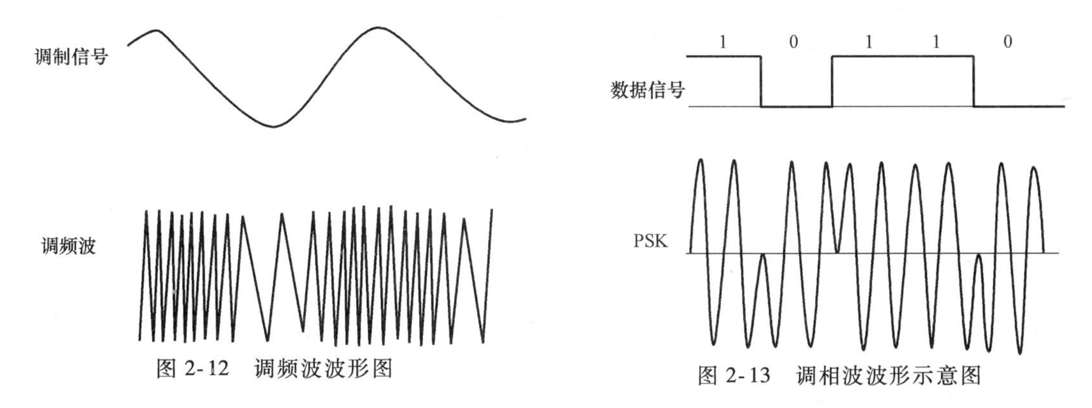

图 2-12　调频波波形图

图 2-13　调相波波形示意图

载波的相位对其参考相位的偏离值随调制信号的瞬时值成比例变化的调制方式，称为相位调制，或称调相。调相和调频有密切的关系。调相时，同时有调频伴随发生；调频时，也同时有调相伴随发生，不过两者的变化规律不同。

三、调频收音机的组成框图及工作过程

1. 调频收音机的组成框图（见图 2-14）

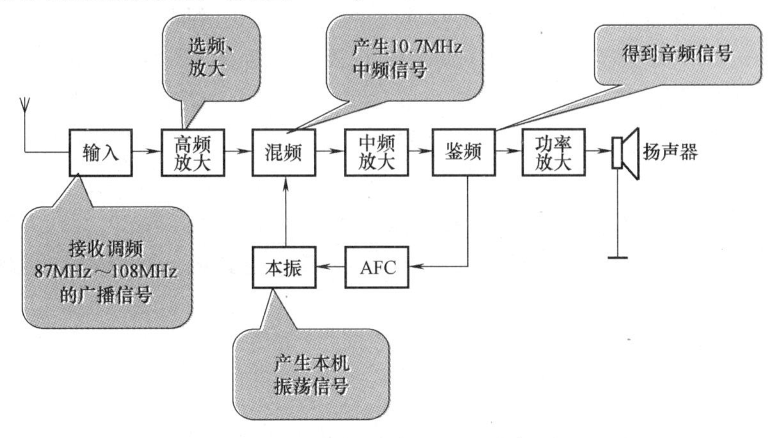

图 2-14　调频收音机的组成框图

2. 电路原理图及工作原理

调频收音机的电路原理如图 2-15 所示。电路的核心器件是一块 CD9088 集成电路，这块集成电路中包含了调频收音机中的天线接收、振荡器、混频器、频率自动控制（AFC）电路、中频放大器（中频频率为 70kHz）、中频限幅器、中频滤波器、鉴频器、低频静噪电路和音频输出等全部功能，还专门设有搜索调谐电路、信号检测电路及频率锁定环路。

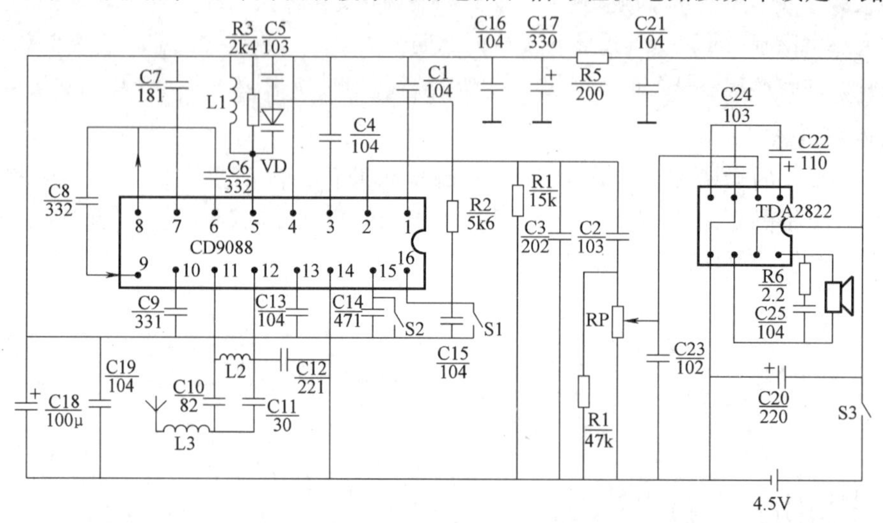

图 2-15　电路原理图

取代可变电容器的是变容二极管，它是一种特殊的二极管。它的 PN 结电容随着 PN 结上的偏压（反向电压）变化而改变。偏压增大，PN 结变厚，PN 结电容变小；偏压降低，PN 结变薄，PN 结电容增大。因此，改变 PN 结上的偏压，就可以改变 PN 结的电容。电路中，变容二极管接在本机振荡电路上，就可以改变振荡频率。

因为集成电路中很难集成较大容量的电容器，所以集成电路外接的电容器较多。CD9088 集成电路的 1 脚接的电容器 C1 为静噪电容；3 脚外接环路滤波元件；6 脚接的 C6 为中频反馈电容；7 脚接的 C7 为低通电容；8 脚为中频输出端；9 脚为中频输入端；10 脚接的 C9 为中频限幅放大器的低通电容；15 脚为搜索调谐输入端，15 脚接的 C14 为滤波电容器；16 脚为电调谐、AFC 输出端。

电台信号送入集成电路的第 11 脚和 12 脚，电感 L3，电容器 C11、C10 构成输入回路。电路的频率由 L1、C5 及变容二极管 VD 决定。混频后产生的 70kHz 中频信号经集成电路内的中频放大器、中频限幅器、中频滤波器、鉴频器后变为音频信号，由集成电路的第 2 脚输出，送到音量电位器上。最后音频信号从功率放大集成块 1、3 脚送给扬声器。

任务二　测试收音机低频电路

任务描述

收音机低频电路包括低频电压放大电路和低频功率放大电路，如图 2- 16 所示是收音机

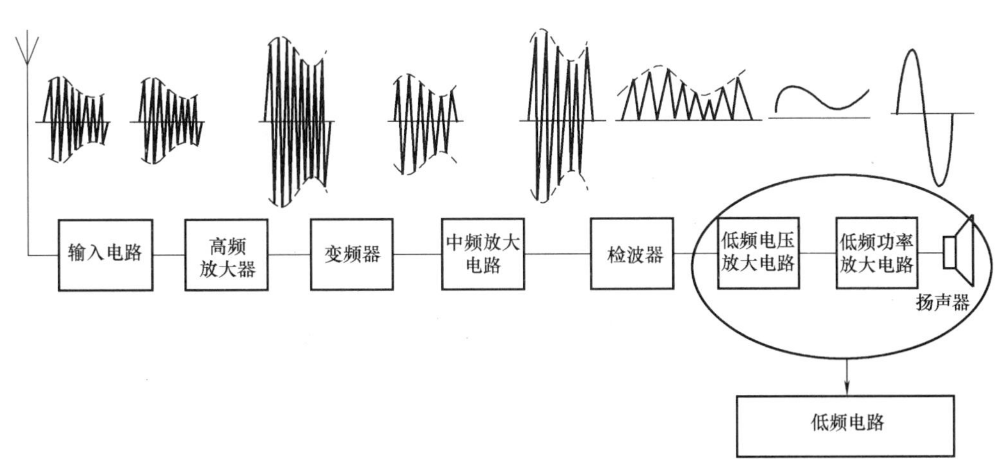

图 2-16　超外差式调幅收音机组成框图中的低频电路

电路的最后一部分。

本任务是使用信号源和示波器对收音机低频电路进行测试。首先断开低频电路与前级电路，在低频电路输入 1kHz，幅度为几十毫伏的正弦波，用示波器分别观测电压放大电路和功放电路的输出波形，观察输入、输出电压波形相位、幅度的变化，学习电压放大电路和功率放大电路原理。

任务分析

收音机低频电压放大电路形式为单级共发射极放大器，此电路具有放大和反向的作用。低频功率放大电路形式为互补对称推挽功率放大电路，此电路的工作原理是本任务学习的重点。

在技能方面，测试电路前首先要有正确的思路，理清信号的类型、输入端和输出端；其次，要掌握测试所用仪器、仪表的使用方法，本任务中低频电路的直流工作点需要用数字万用表进行测试，测试波形所用的信号源为学生信号源 J245，示波器为数字示波器。

任务目标

1. 熟悉低频电压放大电路的工作原理。
2. 掌握调幅收音机电压放大电路的构成及工作过程。
3. 熟悉互补对称推挽功率放大电路的工作原理。
4. 掌握调幅收音机功率放大电路的构成及工作过程。
5. 能正确测试低频电压放大电路和功率放大电路的波形。

知识铺垫

一、识读调幅收音机低频电压放大电路

1. 电压放大器（Voltage Amplifier）

电压放大器是提高信号电压的装置。分压式稳定静态工作点电压放大电路如图 2-17 所示。

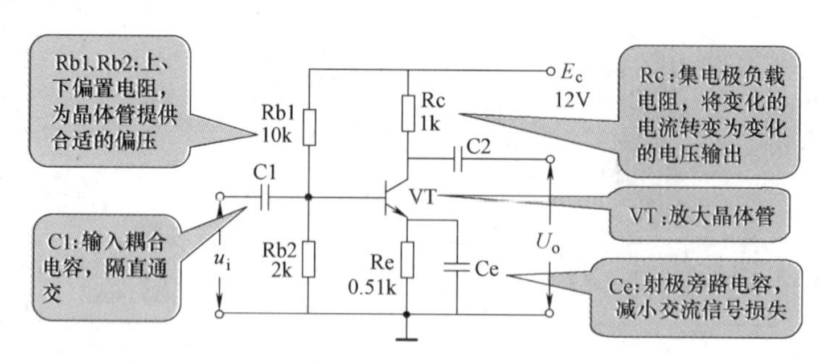

图 2-17　分压式稳定静态工作点电压放大电路

2. 调幅收音机低频电压放大电路

收音机电压放大电路如图 2-18 所示。

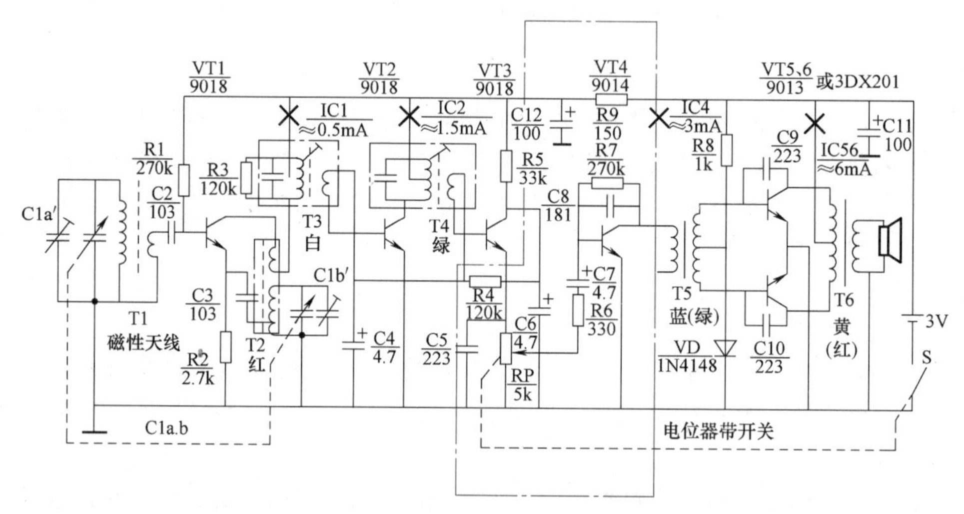

图 2-18　收音机电压放大电路

低频电压放大电路如图 2-19 所示。

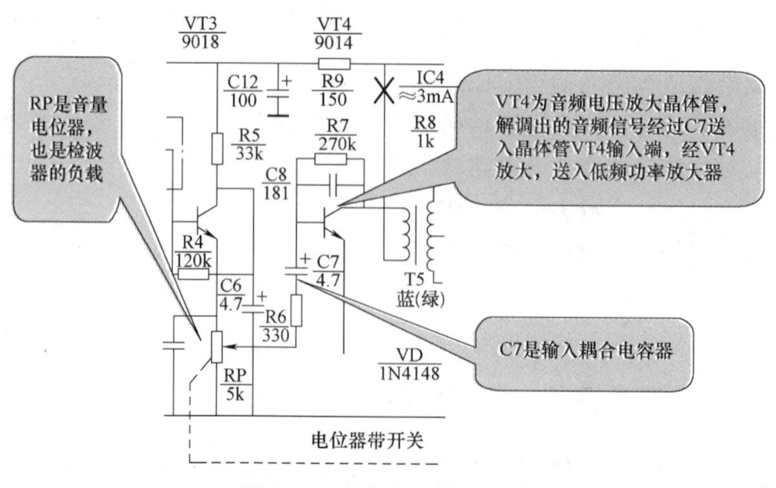

图 2-19　低频电压放大电路

二、功率放大电路

1. 功率放大电路概述

（1）功率放大电路　在多路放大电路末级、集成功率放大器、集成运算放大器等模拟集成电路的输出级，往往要求有较高的输出功率或要求具有较大的输出动态范围以驱动下一级负载，如音箱等。

这类主要用于向负载提供功率的放大电路称为功率放大电路。

（2）功率放大器的特点及要求

1）要求输出功率 P_o 尽可能大。

$P_o=U_oI_o$，为了获得大的功率输出，要求功率放大管的电压和电流都有足够大的输出幅度，因此，功率放大管往往在接近极限状态下工作。

2）效率 η 要高。

$$\eta=\frac{P_o(\text{交流输出功率})}{P_v(\text{直流电源供给的功率})}\times100\%$$

3）正确处理输出功率与非线性失真之间的矛盾。同一功率放大管随着输出功率增大，非线性失真往往越严重，因此，应根据不同的应用场合，合理考虑对非线性失真的要求。

4）功率放大管的散热与保护问题。在功率放大器中，有相当大的功率消耗在管子的集电结上，使结温和管壳温度升高。为了充分利用允许的管耗而使管子输出足够大的功率，功率放大管的散热是一个很重要的问题。

此外，在功率放大器中，为了输出大的信号功率，管子承受的电压要高，通过的电流要大，功率放大管损坏的可能性也就比较大，所以，功率放大管的保护问题也不容忽视。

（3）功率放大电路的分类　放大电路按晶体管在一个信号周期内导通时间的不同，可分为甲类、乙类以及甲乙类放大。功率放大电路类型很多，目前电子电路中广泛采用乙类（或者甲乙类）互补对称功率放大电路。

1）在整个输入信号周期内，管子都有电流流通的，称为甲类放大，如图 2-20a 所示。

2）在一个周期内，管子只有半个周期有电流流通的，称为乙类放大，如图 2-20b 所示。

3）若一个周期内，有大于半个周期内有电流流通，则称为甲乙类放大，如图 2-20c 所示。

4）若一个周期内，有小于半个周期内有电流流通，则称为丙类放大，如图 2-20d 所示。

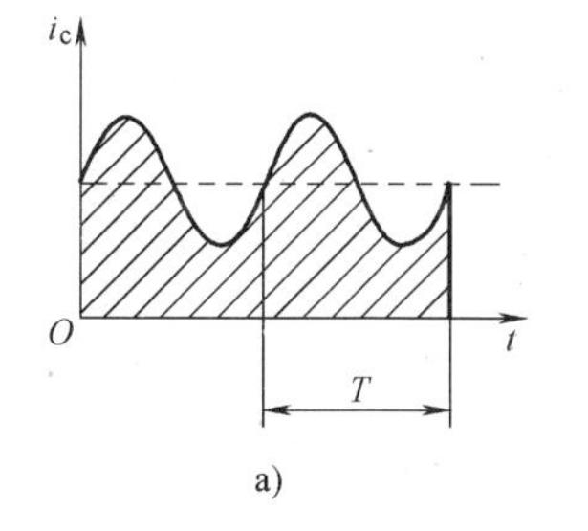

a)

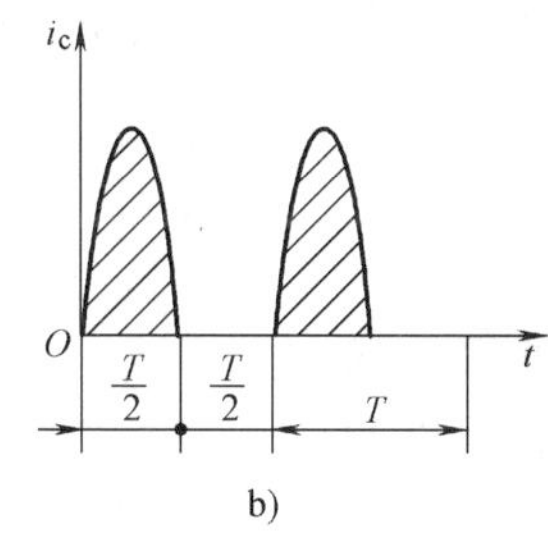

b)

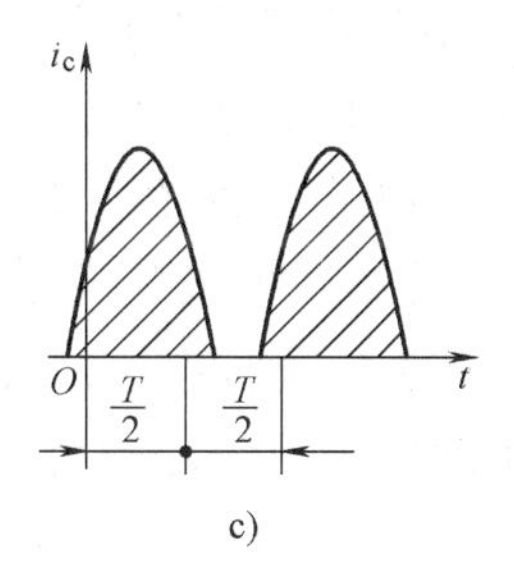

c)

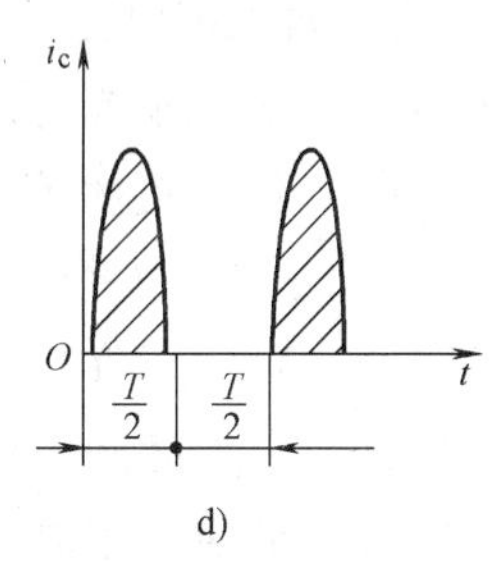

d)

图 2-20　功率放大电路的分类

a）甲类　b）乙类　c）甲乙类　d）丙类

2. 变压器耦合推挽功放电路

（1）典型电路图（见图 2-21）

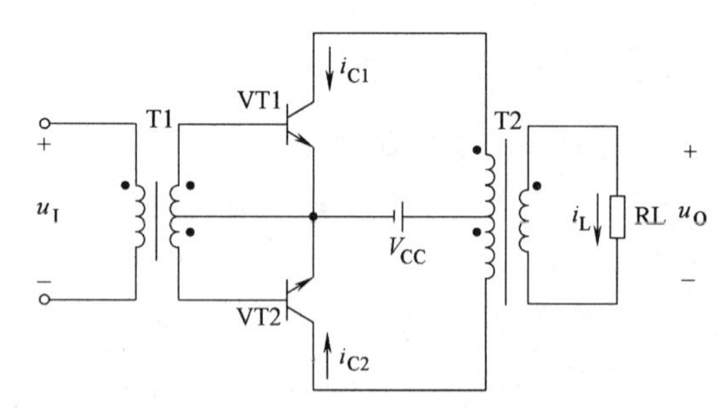

图 2-21　变压器耦合推挽功率放大电路

（2）工作过程（见图 2-22）

1）输入信号正半周。当输入信号使变压器 T1 二次电压极性为上“+”下“-”时，VT1 导通，VT2 截止，电流如图 2-22a 所示。

2）输入信号负半周。当输入信号使变压器 T1 二次电压极性为上“-”下“+”时，VT2 导通，VT1 截止，电流如图 2-22b 所示。

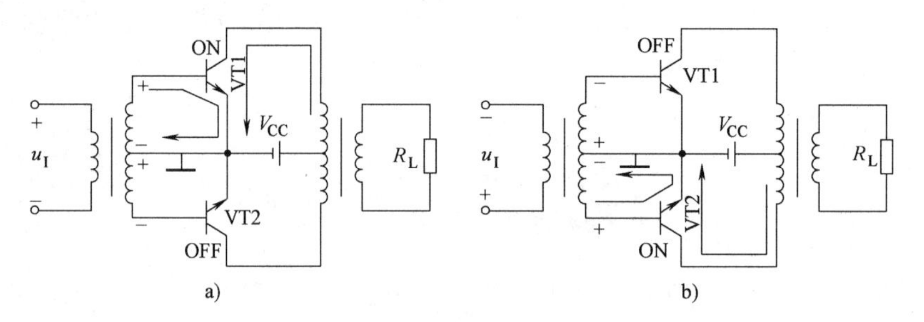

图 2-22　工作过程示意图

a）输入信号正半周　b）输入信号负半周

3）“推挽”工作方式。同类型晶体管（VT1 和 VT2）在电路中交替导通的方式称为“推挽”工作方式。当有交变电流流过线圈时，在变压器 T2 一次侧产生感应电动势阻碍电流产生，二次侧同名端耦合感应电压，在输出回路充当电源。推挽指乙类放大电路在工作过程中两管轮流导通。通常把变压器一、二次电压极性相同两端用圆点标出，称为同名端。

（3）乙类推挽放大器非线性失真（交越失真）

1）产生：由于功放电路半导体元件输入输出特性曲线非线性造成。

2）改善：

① 为消除交越失真，分别给两个晶体管发射结加一个很小正向偏压 U_{BEQ}，使静态时晶体管处于微导通状态，而不是截止状态，各有一个很小的 I_{BQ} 和 I_{CQ}。

② 晶体管起始偏压不可太大，锗管取 0.2V 左右，硅管取 0.6V 左右，否则就不在乙类工作状态，效率降低。

③ 如此可以使输入信号不进入死区，避免进入非线性区，从而改善线性，减少交越失真。

（4）甲乙类推挽功放电路（见图 2-23）

Rb1、Rb2、Re 组成分压式电流负反馈偏置电路。静态时，VT1、VT2 处于微导通状态，从而避免了交越失真。由于静态工作点处于甲、乙类之间，所以叫作甲乙类推挽功率放大器。

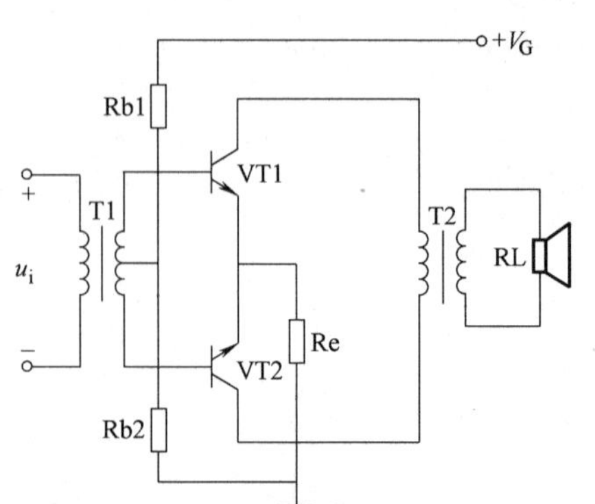

图 2-23　甲乙类推挽功放电路图

3. 识读收音机功率放大电路图

低频功率放大电路如图 2-24 所示。

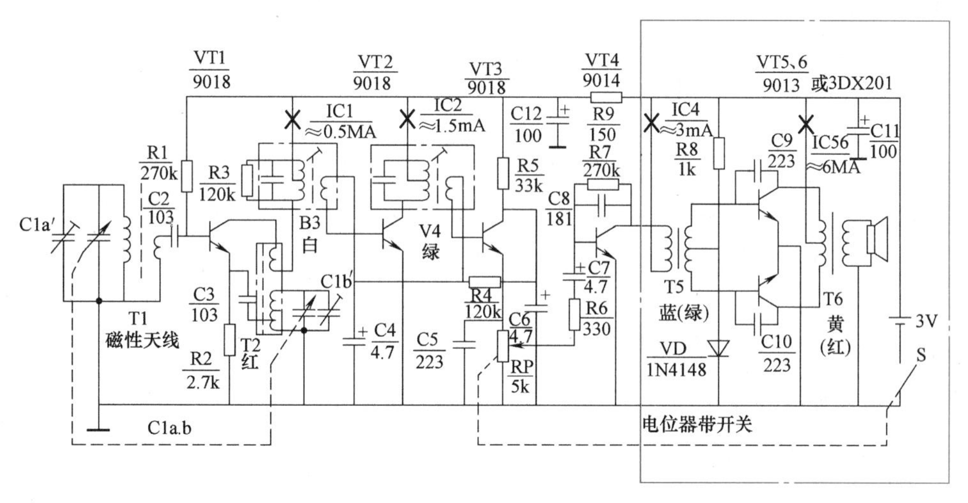

图 2-24　低频功率放大电路

低频功率放大电路各元器件名称、作用如图 2-25 所示。

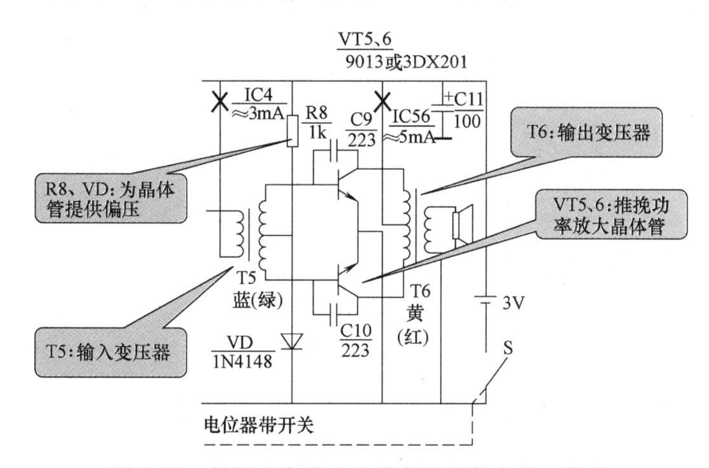

图 2-25　低频功率放大电路各元器件名称、作用

任务实施

一、实操准备

1） 焊接完成的调幅收音机。

2） 数字示波器。

3） J245 学生信号源。

4） 收音机电路原理图和电路板图。

二、测试思路

1. 分隔测试电路

首先将被测电路与前级电路分隔开，以避免前、后级电路相互影响，造成测试的不准

确，如图 2-26 所示。这也是研究整机电路时常用的方法。

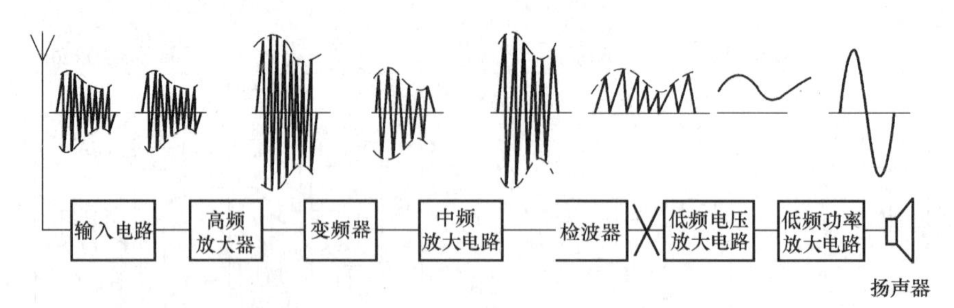

图 2-26　测试电路分隔点示意图

2. 测试电路的设备连接图

本任务测试分为两部分：

（1）测试低频电压放大电路　如图 2-27 所示，观察电压放大电路的放大和反向作用。

（2）测试低频功率放大电路　如图 2-28 所示，研究电路的功率放大作用。

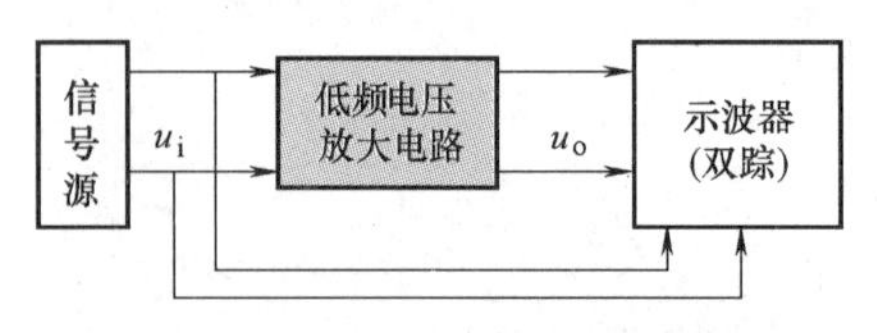

图 2-27　测试低频电压放大电路

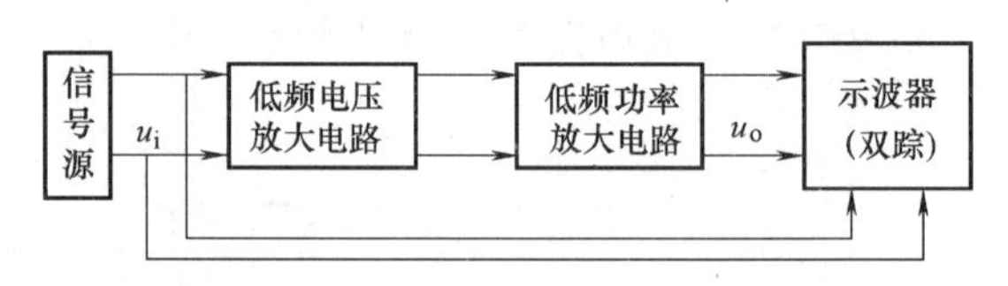

图 2-28　测试低频功率放大电路

3. 测试电路输入、输出信号的特点

本任务是对收音机低频电压和功率放大点进行测试，所以，输入、输出信号的共同特点是频率均为低频范围。此任务中，为研究方便，将输入信号选为 1000Hz，波形为正弦波的电压。

三、测试步骤

测试步骤见表 2-3。

表 2-3　测试步骤

步序	步骤名称	图　　示	说　　明
1	断开收音机低频电路与前级电路的连接		用电工刀在电路板上做一个断点，并刮掉断点周边的阻焊剂，测试完成再将此断点连上

（续）

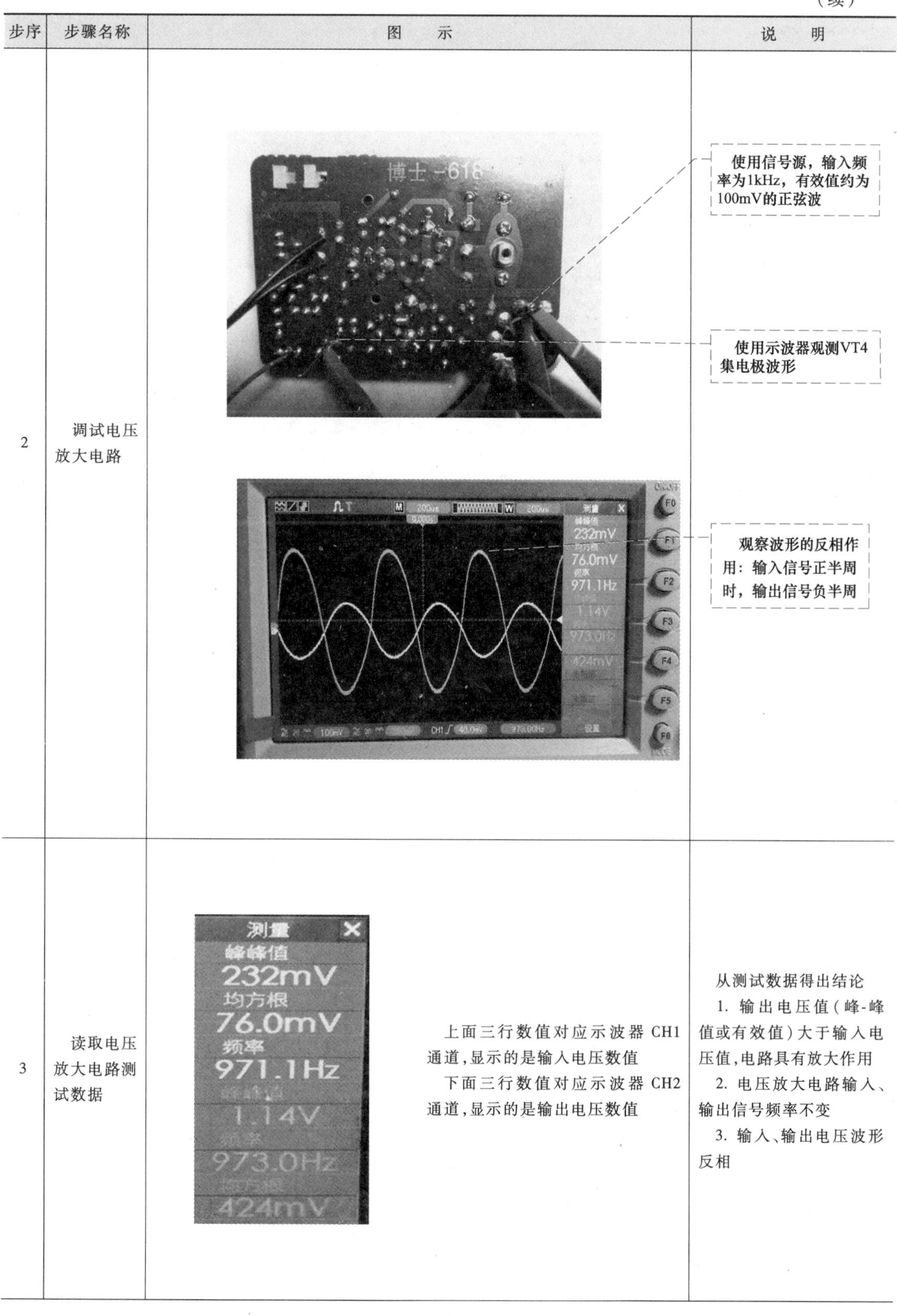

步序	步骤名称	图　示	说　明
2	调试电压放大电路	博士-618	使用信号源，输入频率为1kHz，有效值约为100mV的正弦波 使用示波器观测VT4集电极波形 观察波形的反相作用：输入信号正半周时，输出信号负半周
3	读取电压放大电路测试数据	测量 峰峰值 232mV 均方根 76.0mV 频率 971.1Hz 峰峰值 1.14V 频率 973.0Hz 均方根 424mV 上面三行数值对应示波器CH1通道，显示的是输入电压数值 下面三行数值对应示波器CH2通道，显示的是输出电压数值	从测试数据得出结论 1. 输出电压值（峰-峰值或有效值）大于输入电压值，电路具有放大作用 2. 电压放大电路输入、输出信号频率不变 3. 输入、输出电压波形反相

（续）

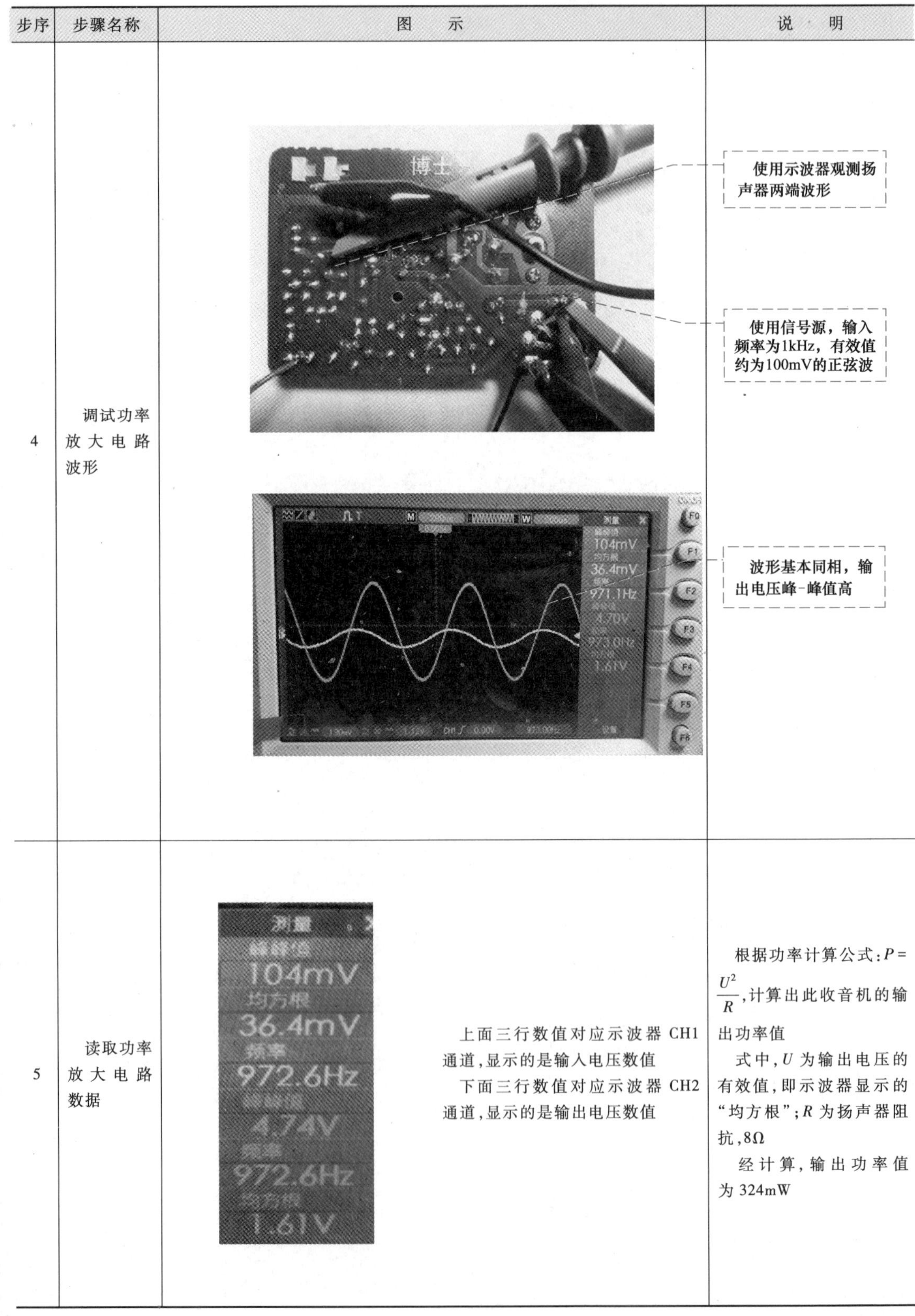

步序	步骤名称	图示	说明
4	调试功率放大电路波形		使用示波器观测扬声器两端波形 使用信号源，输入频率为1kHz，有效值约为100mV的正弦波 波形基本同相，输出电压峰-峰值高
5	读取功率放大电路数据	上面三行数值对应示波器CH1通道，显示的是输入电压数值 下面三行数值对应示波器CH2通道，显示的是输出电压数值	根据功率计算公式：$P=\frac{U^2}{R}$，计算出此收音机的输出功率值 式中，U为输出电压的有效值，即示波器显示的“均方根”；R为扬声器阻抗，8Ω 经计算，输出功率值为324mW

任务评价

任务评价见表 2-4。

表 2-4 任务评价表

评价项目	评价标准
低频电压放大电路的工作原理	1. 能画出单级共发射极电压放大电路原理图 2. 能叙述调幅收音机低频电压放大电路各元器件的名称、作用
低频功率放大电路的工作原理	1. 能叙述功率放大电路的分类 2. 能画出互补推挽功率放大器的电路原理图 3. 能叙述调幅收音机低频功率放大电路各元器件的名称、作用
测试电压波形	1. 测试点选择正确 2. 示波器和信号源使用正确 3. 测试波形和数据正确

任务三 测试收音机中、高频电路

任务描述

收音机中、高频电路由输入电路、高频放大器、变频器、中频放大电路、检波器等电路组成，如图 2-29 所示，其主要功能是将由输入电路接收来的高频调幅波，经变频电路变换成固定中频（465kHz），经中频放大电路后送入检波电路，解调出低频信号送入后级电路。本任务是在变频器级前注入幅度较小的中频调幅波，用示波器观测中频放大电路的输出电压波形，研究中频放大电路的选频和放大作用。

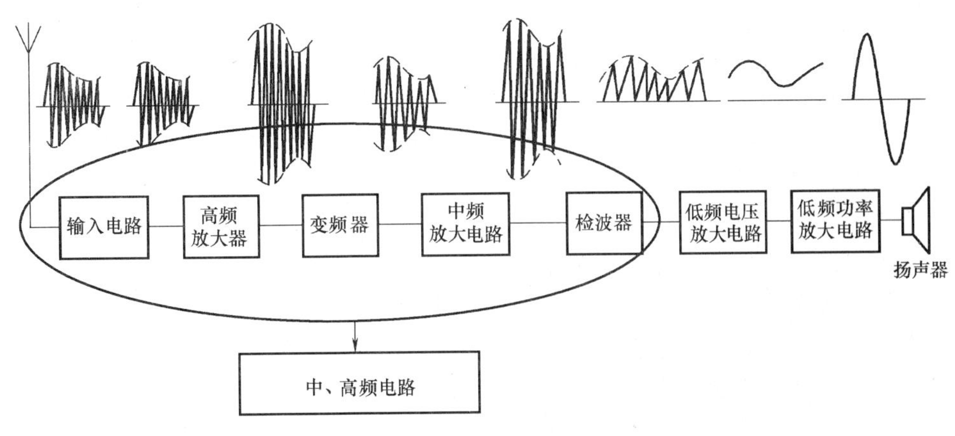

图 2-29 中、高频测试电路示意图

任务分析

本任务首先要学习收音机中、高频电路的构成及电路中各主要元器件的作用，了解各部分电路的输入、输出信号的特点，然后进行实操测试。

在技能方面，首先要理清测试思路，然后要了解测试电路在电路板上的位置，电路输入、输出信号的特点，进一步熟悉 J245 学生信号源的使用。

任务目标

1. 掌握中频放大电路的工作原理。
2. 熟悉检波电路、输入电路、变频电路的构成及工作原理。
3. 能使用示波器和信号源测试调试收音机中、高频电路。

知识铺垫

一、中频放大电路的作用和要求

中频放大电路是介于变频器和解调器之间的选频放大电路，也称中频放大器，可以由多级电路构成，是超外差式接收机不可缺少的重要组成部分。

中频放大电路的作用是放大从变频器输出的中频信号，使之达到解调器正常工作所需的电平。它的性能优劣对接收机的灵敏度、选择性和整机频率特性等主要性能指标有决定性影响。

对中频放大电路的主要要求是：增益高、通频带宽度合适、选择性好以及工作稳定性好等。

1. 中放增益

中频放大电路输出电压（U_o）与输入电压（U_i）之比称为中放电压放大倍数，用公式表示为 $K_u=U_o/U_i$。

对中频放大电路的电压放大倍数 K_u 取常用对数（以 10 为底数）后再乘 20，就是中放电压增益。中放电压增益高，接收机的灵敏度就高，一般为 45~90dB。

2. 通频带

以功率恰好为谐振时功率的 1/2（即半功率点）时所对应的频带宽度来表示接收机的通频带。一部接收机要想获得较好的音质，就必须保证中频放大电路有足够的带宽。如果通频带不够宽，则信号经过时将会削弱音频分量，引起失真。一般调幅广播接收机中频放大电路的通频带为 4.5~6kHz。

3. 选择性

中频放大电路的选择性是指接收机从变频级输出的信号中选出有用信号（中频信号）而抑制干扰信号的能力。选择性的优劣，主要由中频放大电路中的谐振回路来决定。理想谐振曲线和实际谐振曲线如图 2-30 所示。谐振回路的谐振曲线越接近理想选频特性，中频放大电路的选择性就越好，滤除干扰信号的能力就越强。

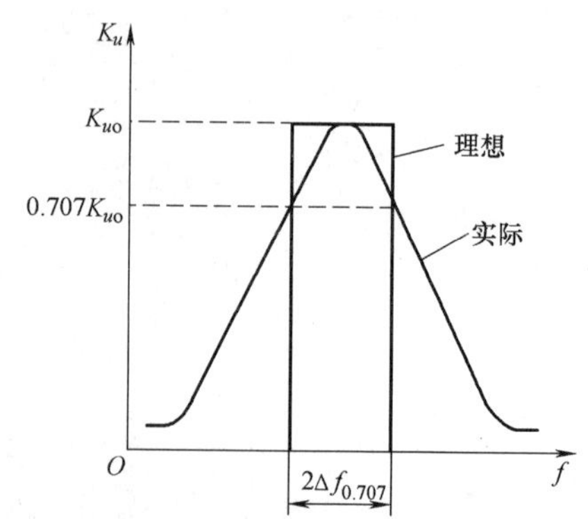

图 2-30　理想谐振曲线和实际谐振曲线

实际的 LC 谐振回路难以做到理想的特性，而陶瓷滤波器和声表面波滤波器近来已做到接近理想特性。

4. 工作稳定性

为了获得较高的中放增益，往往需要运用多级中频放大，因此，必须十分注意整个中频放大电路的稳定性。放大器的工作环境温度、电源电压等在一定范围内变动时，它的主要指标，如增益、选择性、通频带等应基本不变，更不允许产生自激。

上述各项要求之间，如增益和通频带、稳定性和增益、选择性和通频带等，相互都有矛盾，调试时应当兼顾。

二、中频放大电路的组成和工作过程

1. 中频放大电路的组成形式

以单调谐放大电路为例，原理如图 2-31 所示。该电路由放大器和谐振回路构成，作用为放大、选频。

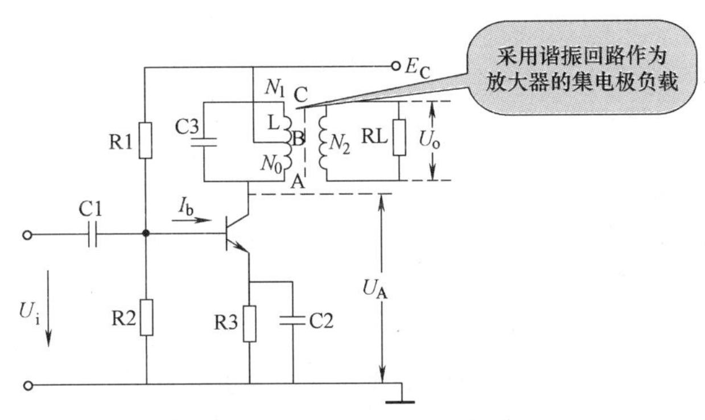

图 2-31　单调谐放大器电路原理图

2. 中频放大电路的工作过程

中频放大电路的实质是一个调谐放大电路。调谐放大电路有多种形式，但基本单元电路只有单调谐放大电路和双调谐放大电路两种。每一级内只包含一个谐振回路的称为单调谐放大电路；而每一级包含两个相互耦合的谐振回路称为双调谐放大电路。在同一收音机中，可以混合使用这两种调谐电路。

图 2-32 所示中频放大电路中，VT2 将前级变频级送来的信号进行放大，并经过 T4 中频变压器选频，在其二次侧输出 465kHz 中频信号。

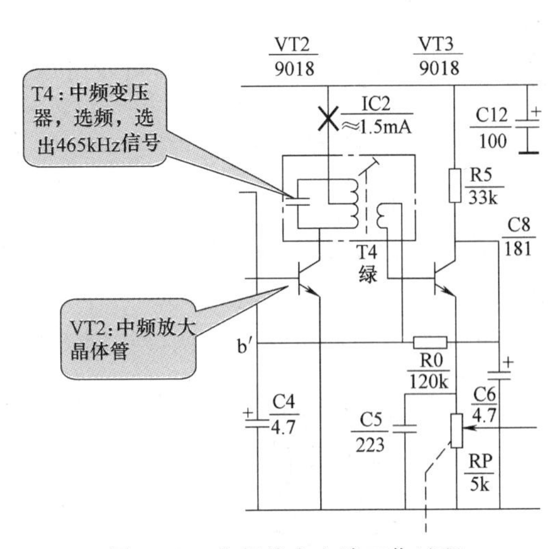

图 2-32　中频放大电路工作过程

三、检波电路的组成及工作过程

检波是一个解调过程，与调制正好相反。检波作用是从振幅受到调制的已调信号中取出原来的音频调制信号。调幅接收机中完成这种功能的电路称为检波电路，或称检波器。检波前后信号波形的变化如图 2-33 所示。晶体管检波电路如图 2-34 所示。

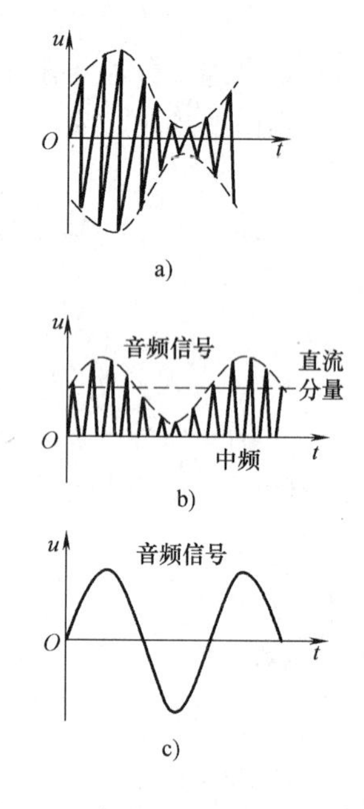

图 2-33 检波前后信号波形的变化

a）检波前 b）检波后 c）滤波后

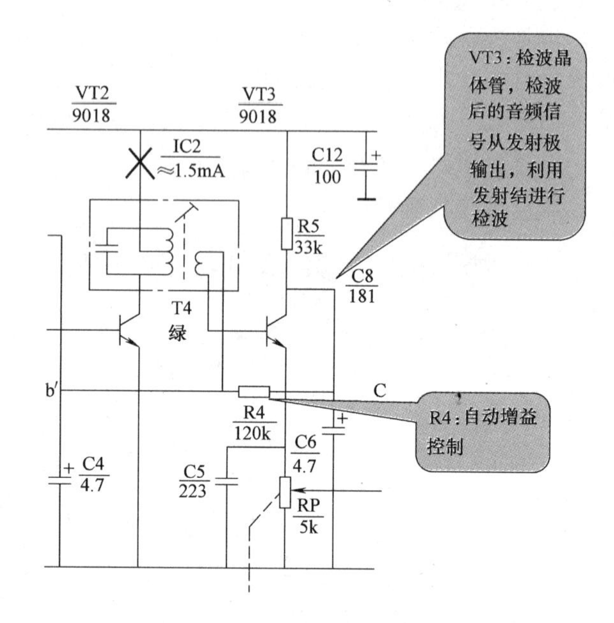

图 2-34 晶体管检波电路

晶体管检波的过程：晶体管工作在微电流状态，其集电极电流为几十微安。中频信号从晶体管基极输入，检波后的信号由发射极送出，自动增益控制电压由集电极提供。C6 为旁路电容。

自动增益控制（AGC）：当外来信号电压变化很大时，保持接收机输出功率几乎不变。

四、输入电路的作用

从天线到接收机第一级放大器输入端之间的电路称为输入电路。它的作用是从天线感应来的各种信号中把需要的信号选择出来，并传送到接收机的第一级放大器或变频器，而把其他不需要的信号有效地加以抑制。

收音机的输入电路是由一次调谐线圈 L 和可变电容器 C 串联构成的，如图 2-35 所示。

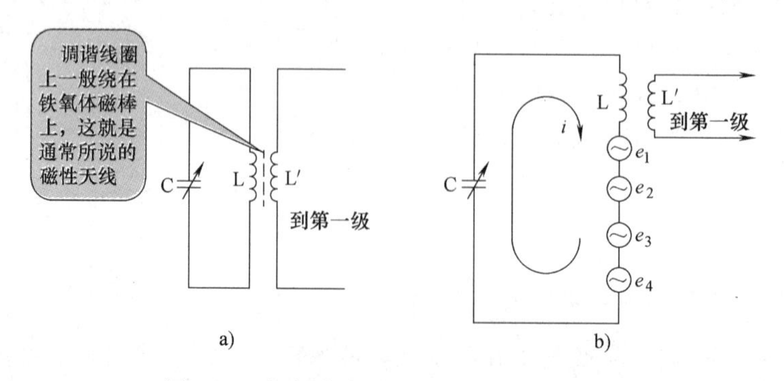

图 2-35 调幅收音机输入电路的等效电路

输入电路是利用等效串联谐振现象来选择所需要的信号，当天线接收到空中不同频率的无线电波时，都会在调谐线圈中产生感应电动势，并产生一定的电流。调节可变电容器 C 使电路与某一频率 f_1 的信号 e_1 发生谐振。根据串联谐振特性，电路对信号 e_1 所呈现的阻抗为最小，则电路电流也就最大，因而能在调谐线圈两端得到一个频率为 f_1 的较大的信号电压。此电压通过绕在同一磁棒上的二次绕组上的耦合，传送到收音机第一级的输入端。电路对其他频率的信号呈现的阻抗就大，相应的电路电流也小。

调节 LC 组成的输入电路，使它对欲接收的信号发生谐振的过程叫调谐，也就是通常所说的选台。有时也称输入电路为调谐电路。故只有频率为 f_1 的信号被选出来，其他频率的信号都被有效地加以抑制，如图 2-35b 所示。

五、磁性天线输入电路

晶体管收音机中中波段磁性天线输入电路如图 2-36 所示。磁性天线输入电路由可变电容器 C1a’ 以及绕在磁棒上的调谐线图 T1 的一次绕组和耦合线圈 T1 的二次绕组组成的。磁棒具有很高的磁导率，起汇聚电磁波的作用。为了保证输入电路的频率覆盖范围和输入电路元件及分布电容的不一致性，在可变电容器两端并联一只小容量的微调电容进行补偿。其在高端起补偿作用，而对低端影响较小。

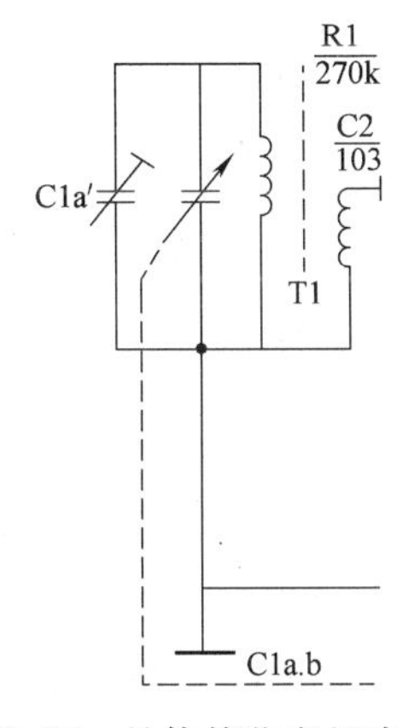

图 2-36 晶体管收音机中波段磁性天线输入电路

六、变频器的作用

变频器的主要作用是变换频率，即将输入变频器的已调制高频信号变成已调制中频信号，变频前与变频后的调制规律不变。

对调幅信号而言，变频前后包络形状和原来一样，改变的只是载波的频率，如图 2-37 所示。

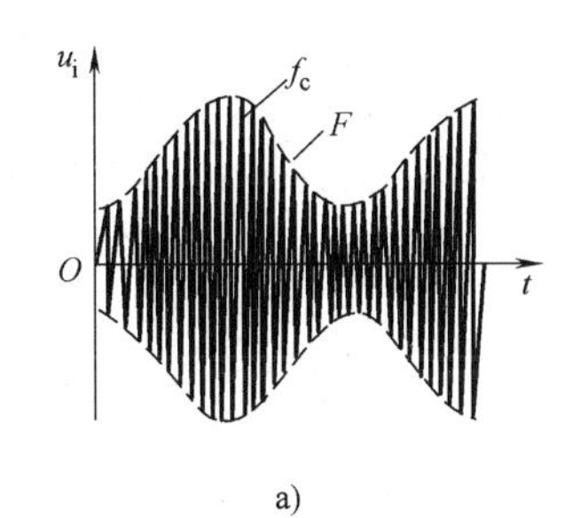

a)

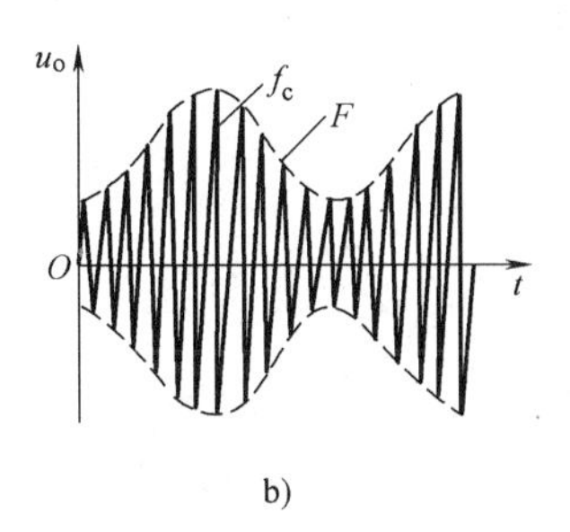

b)

图 2-37 变频器的输入与输出波形

a）输入波形 b）输出波形

七、收音机输入回路、变频电路

收音机输入回路、变频电路如图 2-38 所示。

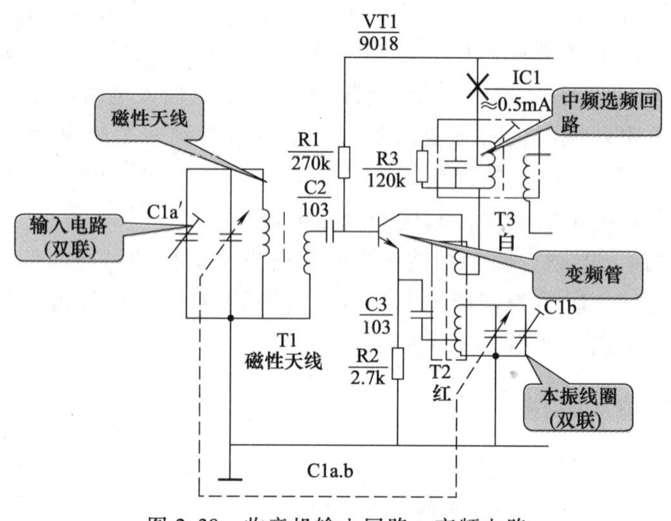

图 2-38　收音机输入回路、变频电路

任务实施

一、实操准备

1）调幅收音机。

2）数字示波器。

3）J245 学生信号源。

4）收音机电路原理图和电路板图。

二、测试思路

1）本任务测试的电路是收音机中、高频电路，首先在电路原理图上找到测试电路及输入、输出测试点，如图 2-39 所示。

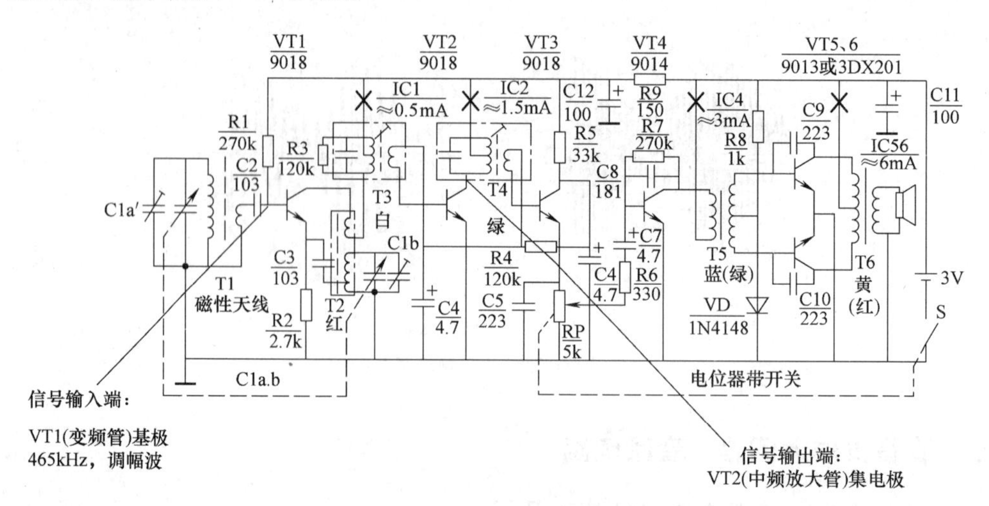

图 2-39　中、高频电路测试点

2）测试电路的设备连接图，如图 2-40 所示。

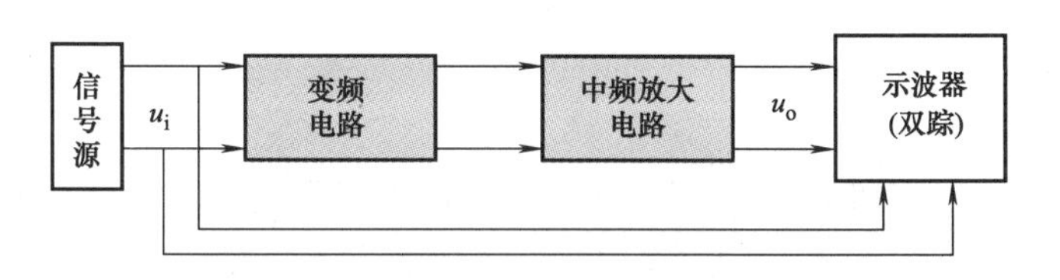

图 2-40　设备连接图

3）为避免从磁性天线接收的高频信号干扰电路测试，需要用电工刀将电路中磁性天线 T1 与电容 C2 的连接点断开，测试电路示意图如图 2-41 所示。

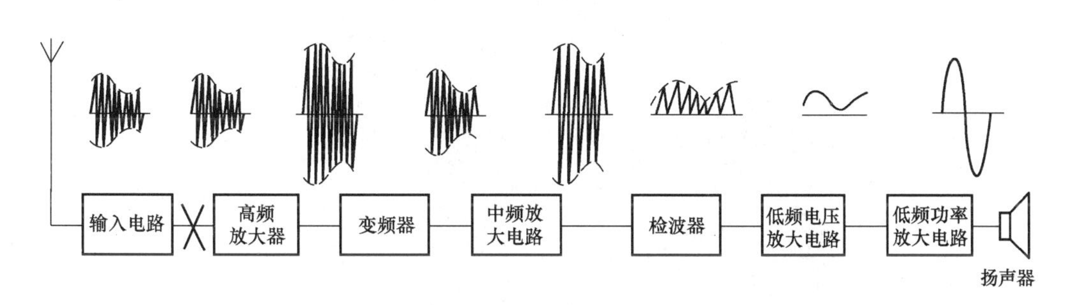

图 2-41　测试电路示意图

4）改变信号源的设置。在任务二中，信号源输出为低频信号，而本任务输入到电路中的是高频信号，需要做相应改变。

三、测试步骤

测试步骤见表 2-5。

表 2-5　测试步骤

步序	步骤名称	图　示	说　明
1	断开磁性天线与变频级的连接	博士-618	用电工刀在电路板上做一个断点，并刮掉断点周边的阻焊剂，以便测试完成再将此断点连上

（续）

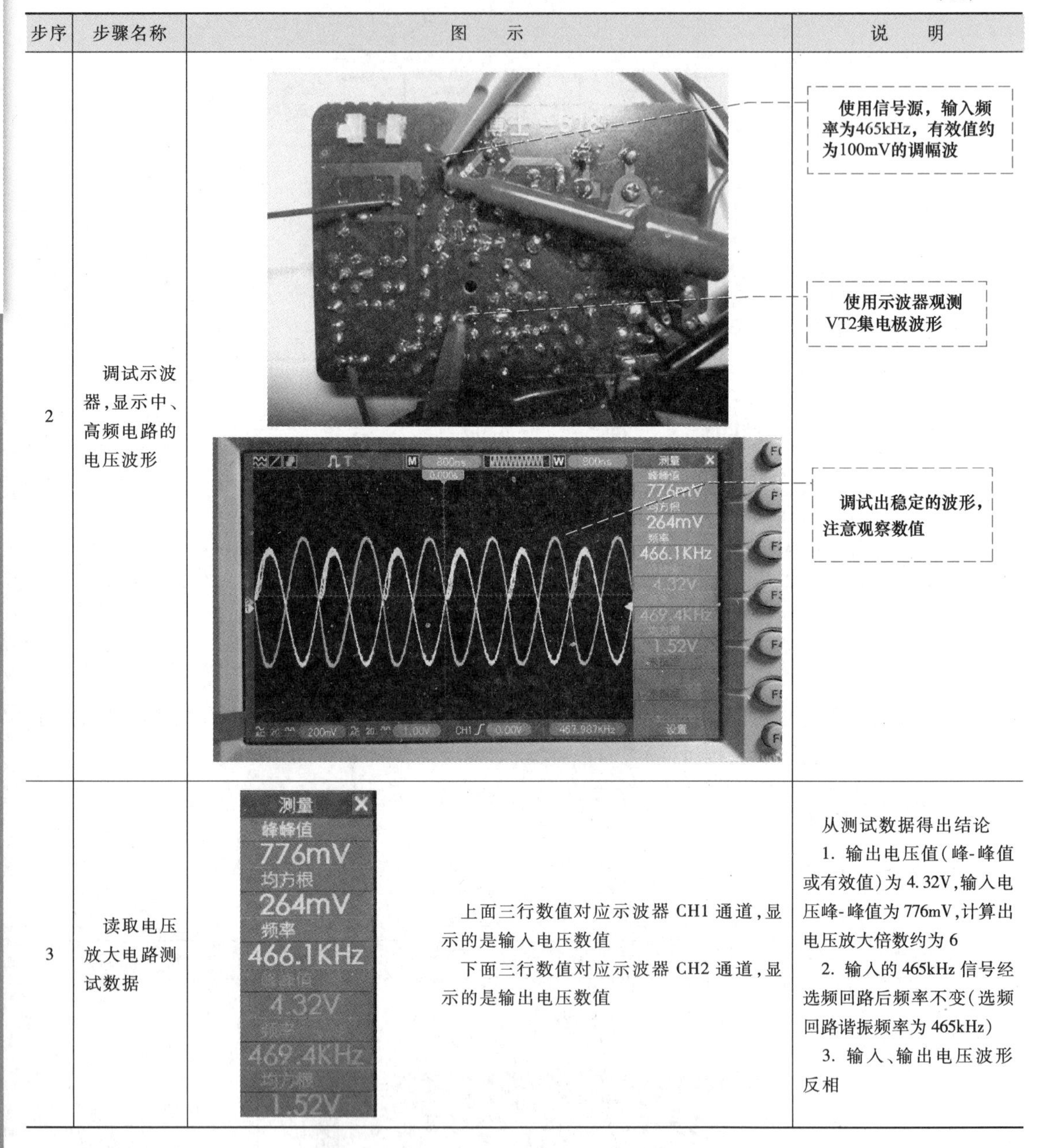

步序	步骤名称	图　示	说　明
2	调试示波器，显示中、高频电路的电压波形		使用信号源，输入频率为465kHz，有效值约为100mV的调幅波 使用示波器观测VT2集电极波形 调试出稳定的波形，注意观察数值
3	读取电压放大电路测试数据	上面三行数值对应示波器CH1通道，显示的是输入电压数值 下面三行数值对应示波器CH2通道，显示的是输出电压数值	从测试数据得出结论 1. 输出电压值（峰-峰值或有效值）为4.32V，输入电压峰-峰值为776mV，计算出电压放大倍数约为6 2. 输入的465kHz信号经选频回路后频率不变（选频回路谐振频率为465kHz） 3. 输入、输出电压波形反相

任务评价

任务评价见表2-6。

表2-6　任务评价表

评价项目	评价标准
中频放大电路的工作原理	能画出中频放大电路原理图，叙述其工作原理
调幅收音机中、高频电路的工作原理	能看懂调幅收音机中、高频电路原理图，说出各元器件的名称、作用

（续）

评价项目	评价标准
中、高频电路测试	1. 正确选择测试点 2. 正确使用示波器和信号源 3. 测试波形及数据正确

拓展任务　制作DSP收音机

任务描述

本任务采用DSP收音机芯片BK1088，通过单片机（STC12LE5A60S2）的控制，制作出一款DSP调频/调幅（中波）两波段收音机。它的特性如下：调频接收频率范围为87～108MHz，中波接收频率范围为522～1710kHz；可以自动搜索存储电台；调频、调幅各可存储50个电台；32级电子音量控制；数码管显示电台频率、存储台位号、音量值；锂电池供电，可边充电边收听广播；可外接耳机收听调频立体声广播；立体声/单声道自动切换；具有上次收听状态（台位、音量）记忆功能。图2-42是要制作的DSP收音机的原理图，图2-43是DSP调频调幅收音机的实物照片，图2-44是焊接完毕的电路板。

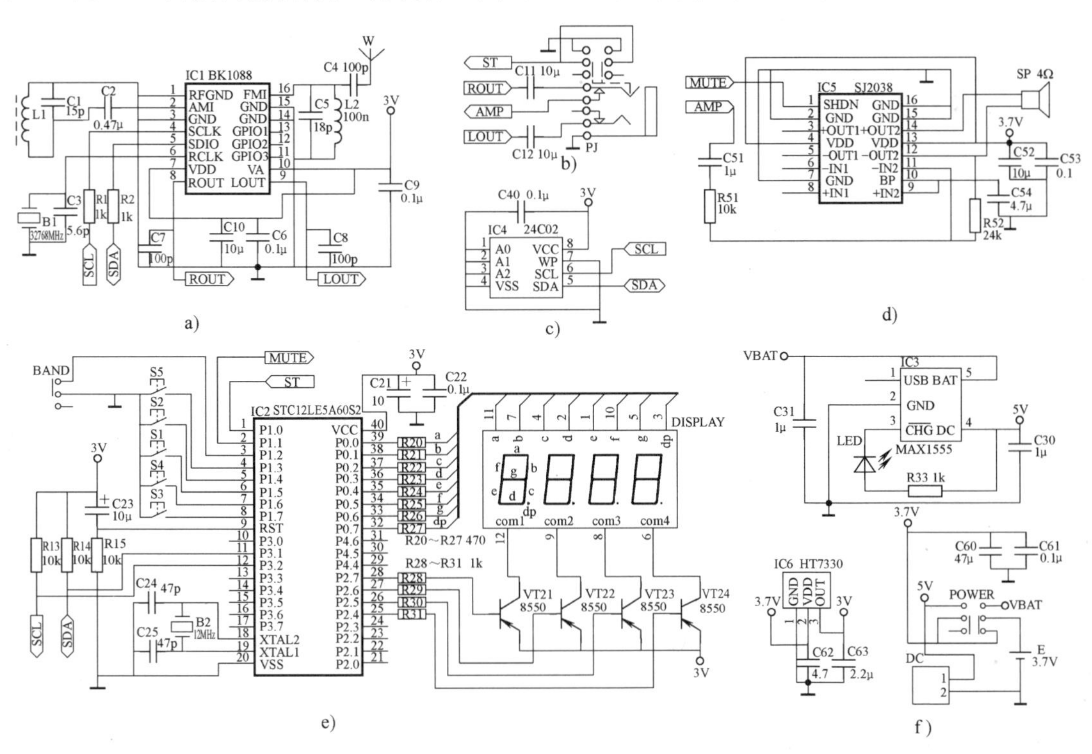

图2-42　DSP收音机的原理图

a）收音单元　b）耳机输出兼立体声/单声道切换单元　c）存储单元

d）功率放大单元　e）控制/显示单元　f）供电/充电单元

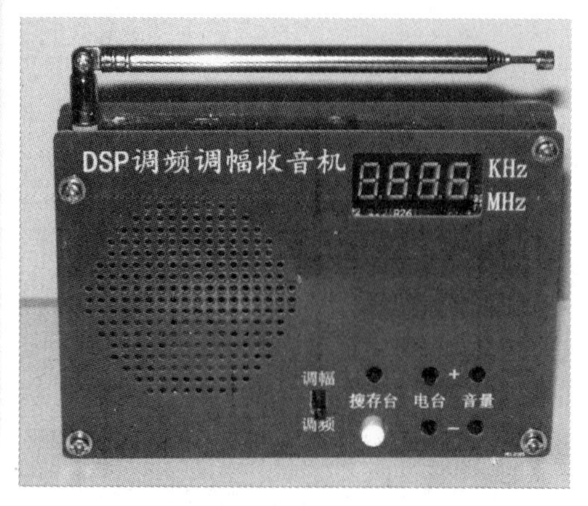

图 2-43　DSP 调频调幅收音机的实物照片

图 2-44　焊接完毕的电路板

任务分析

完成本任务首先要了解什么是 DSP 收音机，DSP 收音机芯片的内部组成结构。然后学习其与传统收音机结构上的差别、信号处理流程的不同之处。理解 DSP 收音机的技术优势，掌握 DSP 收音机芯片 BK1088 的基本控制方式后，根据电路原理图和组装步骤焊接、组装出 DSP 收音机。

任务目标

1. 理解什么是 DSP 收音机。
2. 掌握 DSP 处理单元所完成的任务。
3. 能够识读 DSP 收音机的电路原理图。
4. 能够正确识读贴片电阻、电容的标称值。
5. 能够根据电路原理图识别元器件。
6. 能够正确找到元器件在电路板上的位置，并在电路板上正确插装元器件。
7. 掌握 SMD 焊接工艺。

知识铺垫

一、什么是 DSP 收音机——揭开 DSP 收音机的神秘面纱

在介绍 DSP 收音机之前，先来看一下传统超外差式收音机的组成框图，参看图 2-45。在框图中，各部分单元电路均是模拟电路，从天线接收到的广播信号到最终还原出音频信号，都由模拟电路来处理，这期间信号的“性质”没有改变，“从头到尾”都是模拟信号。

如果将传统超外差式收音机由模拟电路对信号进行处理，转变为对接收到的模拟广播信号进行数字化转换并进行数字化处理，即采用数字信号处理（DSP）技术，那么采用这种模式的收音机就是 DSP 收音机了。将 DSP 收音机所需要的功能电路集成到一个芯片中，这种芯片就称为 DSP 收音机芯片。

图 2-46 所示为 DSP 收音机接收芯片的内部组成框图。图中，高频低噪声放大器

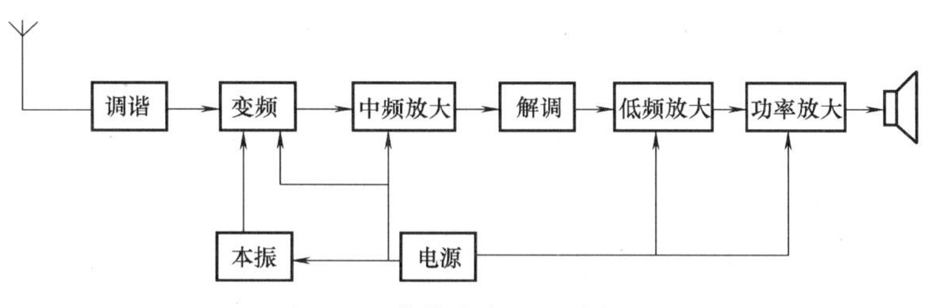

图 2-45　传统收音机组成框图

(LNA)、混频器 (MIXER) 为模拟电路；混频器输出的中频信号由模-数转换器 (ADC) 转换为数字信号，送至数字信号处理单元 (DSP)，开始数字信号处理之旅。数字信号处理 (DSP) 单元完成了电台选择、FM/AM 中频调制信号解调、立体声信号解码和输出数字音频信号的任务。数字音频信号经数-模转换器 (DAC) 转换后还原出模拟音频信号。

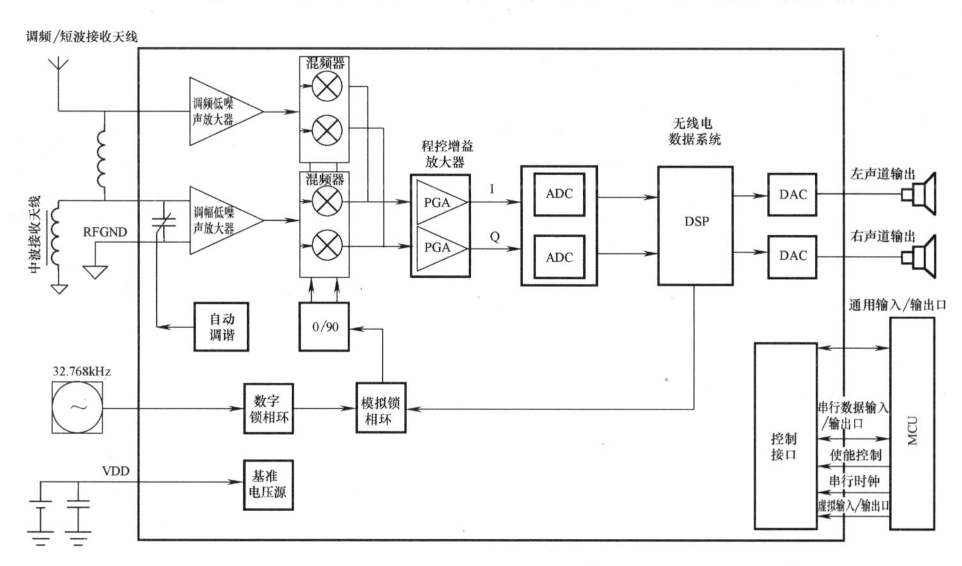

图 2-46　DSP 收音机接收芯片的内部组成框图

通过上面的分析我们可以知道，DSP 收音机是建立在 DSP 硬件平台上的，DSP 硬件平台一般都需要软件编程来控制，这种软件控制硬件实现无线电接收的技术称为软件无线电 (Software Defined Radio，SDR) 技术。

二、软件无线电 (SDR)

所谓软件无线电 (SDR)，就是在采用 DSP 技术的前提下，在可编程控制的 DSP 硬件平台上，利用软件来定义（控制）实现无线电接收机的各部分功能：包括前端接收、中频处理以及信号的基带处理等。即整个无线电接收机从高频、中频、基带解调，直到控制协议部分，全部由软件编程来完成控制。其核心思想是在尽可能靠近天线的地方使用宽带的模-数转换器，尽早地完成信号的数字化，从而使得无线电接收机的功能更多地用软件来定义和控制。总之，软件无线电是一种基于数字信号处理 (DSP) 技术，以软件控制为核心的无线通信体系结构。

目前的 DSP 收音机只在电台选择、FM/AM 中频调制信号解调、立体声信号解码和输出数字音频信号环节采用了 DSP、SDR 技术。

三、DSP 收音机的优势

1. 高度集成化，外围元器件少，有利于缩小产品体积

从图 2-46 的框图可知，DSP 收音机的电路组成结构比普通模拟收音机电路要复杂得多，但随着集成电路制造技术的进步和现代通信技术理论的发展，在 DSP 收音机中，从接收输入信号到输出音频信号的所有功能全部集成至单颗芯片。除控制电路外，芯片外围只需几个元器件和几平方厘米的电路板空间，远少于需要几十个元器件和几十平方厘米电路板面积的传统解决方案。电路板面积小自然可以缩小产品体积。图 2-47、图 2-48 是两种方案的对比图。

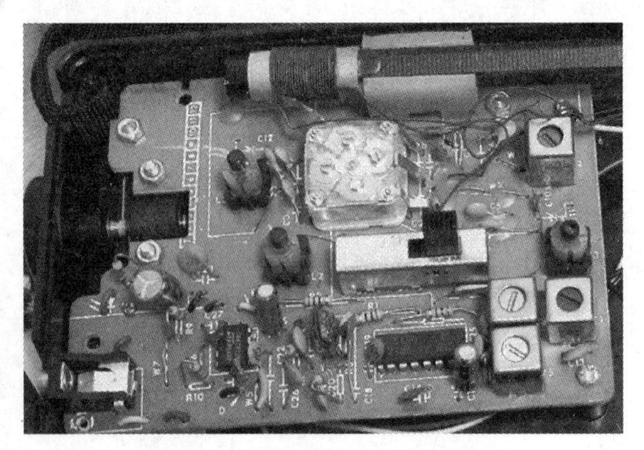

图 2-47　传统收音机的电路板

图 2-48　DSP 收音机的电路板

2. 产品一致性好，免调试

传统收音机一般需要 3 个阶段的人工调校，即调中频、覆盖范围调整、统调。而 DSP 收音机由于采用了 DSP 技术，全部信号处理工作均在芯片内部完成，外部无需中频变压器和微调电容，从而实现了免调试。这能提高生产效率、提高可靠性和降低制造成本。免调试也给手中缺乏仪器设备的电子爱好者带来了福音。对于所有采用同一 DSP 芯片的收音机，其接收性能几乎没有区别，产品的一致性很好。

3. 选择性和抗镜像干扰能力较好

DSP 收音机采用低中频架构，即把射频信号通过混频器转换为低中频信号（相对于传统收音机的中频频率）；采用混频信号镜像抑制技术；这些技术措施使得 DSP 收音机具有较好的选择性和抗镜像干扰能力。

4. 软件编程控制，便于增减功能，控制灵活

DSP 收音机搜索电台、频段切换、音量控制、静音控制、读取芯片内部数据等所有功能均由软件控制实现。根据产品的需要，功能可增可减，只要修改控制软件即可，硬件电路无需改动，便于产品升级、消除程序错误，延长了产品的生命周期。在 MCU 允许的情况下，收音机还可以增加很多附加功能，如时钟、电子温度计、简易场强仪等，这一切只要加一些芯片并编写对应的软件即可。

四、常见的 DSP 收音机芯片

国内外生产 DSP 收音机芯片的厂家主要有北京昆腾微电子（KTMicro）技术有限公司，

代表型号有 KT091X 系列（AM/FM 接收）、KT0830（FM 接收）；昆天科微电子（Quintic），代表型号有 QN8035；博通（BEKEN）集成电路（上海）有限公司，代表型号有 BK1079、BK1080、BK1088；芯科实验室（Silicon Labs）有限公司，代表型号有 Si473x 系列。

我们在制作中选用了博通集成电路有限公司的 DSP 收音机芯片，博通集成电路有限公司的 DSP 收音机芯片主要有三款，三款芯片的技术特性概览见表 2-7。我们选用了功能最多的 BK1088。

表 2-7 BEKEN 的三款 DSP 收音机芯片技术特性概览

芯片型号	BK1079	BK1080	BK1088
接收频段范围	FM:76~108MHz	FM:64~108MHz	FM:64~108MHz 中波:520~1710kHz 短波:2.3~21.85MHz 长波:153~279kHz
是否有电子音量控制	有,16 级	有,16 级	有,32 级
是否可以驱动耳机	可以	可以	可以
是否需要 MCU 控制	不需要	需要	需要
总线接口	无	SPI/I^2C	SPI/I^2C
是否具有 RDS/RBDS① 接收功能	否	否	有
是否立体声	单声道	FM 立体声	FM 立体声
搜台方式	Seek②	Seek/Tune③	Seek/Tune
工作电压范围	2.0~3.6V	2.5~5.5V	2.4~5.5V
时钟范围	32.768kHz,支持无外部时钟工作模式	内部晶体振荡器:32.768kHz 外部时钟输入:32.768kHz~38.4MHz	内部晶体振荡器:32.768kHz 外部时钟输入:32.768kHz~38.4MHz
封装	10-pin MSOP	4×4mm 24-pin QFN 封装 3×3mm 20-pin QFN 封装 TSSOP 16-pin 封装 SOP16-pin 封装	4×4mm 24-pin QFN 封装 SOP 16-pin 封装

表格中一些技术术语的解释

① RBDS/RDS：无线电数据广播，在欧洲称为无线电数据系统（Radio Data System，RDS），在美国称为无线电广播数据系统（Radio Broadcast Data System，RBDS）。它们统称为无线电数据广播。它们的技术内涵是相同的，都是在调频广播发射信号中利用副载波把电台名称、节目类型、节目内容及其他信息以数字编码的形式发送出去。通过具有 RDS 接收功能的收音机，就可以接收识别这些数字信号，并做相应处理，例如通过屏幕显示上述信息。

② Seek：硬件搜台，是由 DSP 收音机芯片内部的硬件电路来自动搜索电台，直到搜索到有效电台或者在整个频段搜索失败而退出。硬件搜台基本上不用软件参与，优点在于占用 MCU 资源少。

③ Tune：软件搜台，需要控制软件在每个频点上都判断一次是否是有效台，直至找到有效电台。软件搜台的优点是更加灵活，比如用于需要显示搜台进度的话可以使用这种搜台方式。

五、采用 DSP 收音机技术的产品

DSP 收音机技术应用于手机、多媒体播放器、便携式/台式收音机，还可以应用于汽车音响、台式音响系统中，作为收听广播用的优质节目源。

六、DSP 收音机原理图识读分析

这款 DSP 收音机的电路如图 2-40 所示，电路由 6 个子单元电路组成。它们分别是：

1. DSP 收音单元

这个单元负责调频/调幅广播信号的接收、解调、电子音量控制、音频信号的输出。除了没有音频功放外，收音机的全部功能都在这个单元完成。

本单元的核心元件是 DSP 收音机芯片 BK1088。从表 2-4 可知，BK1088 是全波段接收芯片，即调频、中波、短波、长波均可接收。本机设置有两个接收频段——调频与中波。由于国内没有长波广播，所以本机没有设置长波波段。短波广播由于受电离层影响，信号不够稳定，再加上在当今钢筋水泥结构的建筑内对短波信号衰减很大，短波收听效果不理想，所以本机也没有设置短波波段。

BK1088 采用数字自动调谐技术，可以自动调节内部可变电容值来使得谐振电路在当前工作频率处于最佳谐振状态，从而简化了调幅广播接收天线的设计。中波磁性天线 L1 的电感量在 180~600μH 范围内选取均可。我们用 0.07mm×7 的多股纱包线在 4mm（厚）×6mm（高）×80mm（长）的矩形中波磁棒上绕制了 150 圈，实测电感量为 239μH，实际使用效果不错。调频接收天线 W 选用拉杆天线。图 2-49 中晶振 B1 选用精度为 0.02% 或优于 0.02% 的。

BK1088 有两种封装：QFN 封装与 SOP16 封装。如果将 BK1088 的外围元器件与 QFN 封装的 BK1088 集中组装在一个小电路板上，就构成了 DSP 收音机模块。模块的尺寸只有 11mm×11mm，参看图 2-49a，可谓体积小巧。模块是一个独立的收音机单元，接上供电电源与控制信号即可工作，如果想缩短设计开发周期，提高生产效率，缩小产品体积，可以采用 DSP 收音机模块。SOP 封装（见图 2-49b）便于手工焊接，也考虑到本收音机的电路板上有足够的面积安放 BK1088 的外围元器件，所以在本次制作中选用了 SOP 封装的 BK1088。

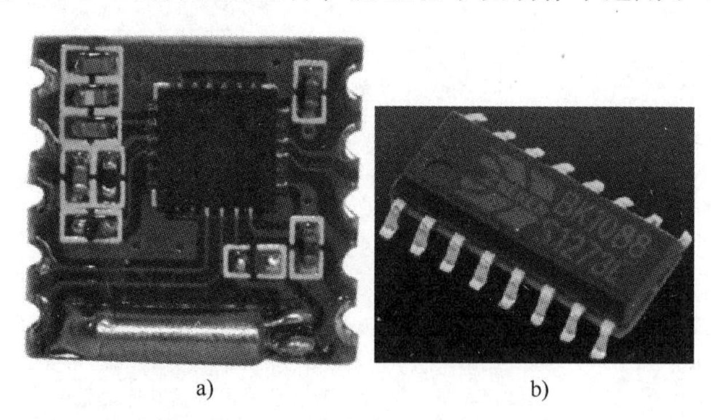

a)　　b)

图 2-49　DSP 收音机模块和集成电路

2. 控制/显示单元

如果将 DSP 收音单元比作是一部赛车，那么控制单元就是一位优秀的驾驶员。通过这位驾驶员合理地驾、控赛车，能使其发挥出最佳性能。控制单元的核心元件是 IC2（低压版的 MCU——STC12LE5A60S2）。STC12LE5A60S2 的工作电压范围是 2.2~3.6V，保证单节锂电供电时可以正常工作。控制单元要完成的任务是：

（1）对 BK1088、24C02 进行控制　通过 IC2 的 P3.1、P3.2 口实现与 BK1088、24C02 的 I^2C 通信，从而实现自动搜/存台、音量调整、立体声/单声道切换、换台操作等。

（2）接收按键指令，实现对应的功能操作　对来自轻触开关 S1~S5、波段开关 BAND、耳机联动开关送来的开关量进行判断，发送对应的控制指令，实现相应的功能操作。

轻触开关 S1/S2 是电台升/降键，S3/S4 是音量升/降键，S5 是搜/存台键。按住 S5 的时间在 3s 以上时，收音机将进入搜/存台状态；在此状态时，收音机从频段的下边界开始搜索，数码管显示搜索进度（即频率值），当搜索到有效台时，将存储此台并显示当前存台数量（台位号），搜索到频段的上边界时，将退出搜/存台状态并播放 1 号台的广播节目。

（3）对功放单元的静音控制　在使用耳机收听广播时，IC2 的 P1.1 口送出高电平，让功率放大单元的 IC5 进入关断模式，达到静音、节电的目的。

（4）数据显示　将电台台位号、频率值、音量值通过 4 位共阳数码管显示。IC2 的 P0 口输出段码数据，P2.4~P2.7 口输出位动态扫描脉冲。

本机采用数码管作为显示器件的理由是：体积小、价格低、亮度高、显示的字符醒目直观，在白天也可以看得很清楚。在采用动态显示时，数码管消耗的电流实测值为 40mA 左右。为了进一步节约电能，延长电池使用时间，台位号、音量值只显示 1.5s，频率值显示 5s，之后就关闭数码管，达到节电的目的。

（5）存储单元　由采用 I^2C 总线通信的 24C02 电可擦除存储器构成，存储器负责存储搜索到的电台频率值、台位编号、音量值等数据。注意要选择在 3V 低电压下可以工作的产品。有的公司生产的 24C02 在低压工作时要降低 I^2C 总线通信速率才可以正常工作，如果遇到存储数据不正常、读写失败的问题，可在软件中降低 I^2C 总线通信速率，问题即可解决。

（6）耳机输出兼立体声/单声道切换单元　本机用一个扬声器放音，所以在收听调频立体声广播时要切换到单声道状态。而在用立体声耳机收听调频立体声广播时，又要切换到立体声状态，保证还原出立体声效果。立体声/单声道切换在本机中没有设置手动切换开关，而是采用了带开关的立体声耳机插座来实现自动切换的。在图 2-40 中，耳机插座虚线连接的部分就是插座自带的联动开关，此开关是双刀双掷的。

当耳机插头没有插入插座时，联动开关的刀处于下方，从电路图可知，此时 ST 端悬空。ST 端接至单片机 IC2 的 P1.0 口，端口内部自带上拉电阻，所以 ST 端悬空时单片机 IC2 检测到 P1.0 口为高电平，单片机 IC2 通过 I^2C 总线对 BK1088 发送一串控制字节，让其工作在单声道状态。

当耳机插头插入插座时，联动开关的刀移动到上方，从电路图可知，此时 ST 端接地，单片机 IC2 的 P1.0 口为低电平。单片机 IC2 检测到 P1.0 口为低电平后，通过 I^2C 总线对 BK1088 发送控制字节，让其工作在立体声解码状态；并从 MUTE 端发送高电平，让 IC5 进入静音状态。

BK1088 的 8、9 脚输出的左、右声道信号通过电容 C11、C12 耦合到立体声耳机插座。当耳机插头没有插入时，BK1088 工作在单声道状态，左、右声道输出相同的音频信号。右声道的信号经过接通的触点送至功率放大单元，由扬声器放声。当耳机插头插入时产生两个动作，一是耳机插座的触点断开，功率放大单元失去信号，同时控制单元发出 MUTE 静音指令，IC5 进入静音状态，扬声器无声；二是让 BK1088 工作在立体声解码状态，此时左、右声道信号通过电容 C11、C12 直接输出到立体声耳机，实现用耳机的立体声收听。耳机选用阻抗为 32Ω 的立体声耳机。

（7）功率放大单元　本机采用 3.7V/600mA · h 锂电池供电，由锂电池的放电特性决定了供电电压范围在 2.8~4.2V 范围内，因此要选择低压供电下可以工作的功率放大集成电路。提到低压功率放大，大家可能都会想到经典的功放集成电路 TDA2822。TDA2822 的工作电压范围是 1.8~12V，符合本机的要求。但笔者并没有选用它，一是从实践经验来看，TDA2822 的本底噪声比较大，已经不能满足当今高保真的要求了；二是 TDA2822 是十几年前开发出的产品了，有些英雄迟暮了。长江后浪推前浪，一代新人换旧人，现在已经有新人可以代替它了，这个新人就是 SJ2038。

SJ2038 是双声道 BTL 音频功放 IC，它的工作电压范围是 2.0~6.0V；最大输出功率为 2×2.7W；信噪比高达 95dB；失真度典型值为 0.3%；具有低功耗关断模式控制端，在低功耗关断模式下消耗电流只有 1μA；具有开机浪涌脉冲抑制电路，可以降低开机时的冲击声。SJ2038 可应用于笔记本式/台式计算机、插卡音箱、便携式音响设备等。

从图 2-34 可以看出，在本任务中只使用了 SJ2038 的一个声道；SJ2038 的外围电路很简洁，可以减少电路板的占用面积。它不需要输出耦合电容，可以提高音质。不需要大容量的滤波电容（图中 C52、C53），可以降低开机时的冲击电流。它的 1 脚是关断控制端，高电平时关断，在关断时既可节电又达到了静音的目的；低电平时 SJ2038 正常工作。关断控制电平由 IC2 的 P1.1 口送出。SJ2038 的信噪比确实很高，在无信号输入时，把耳朵贴近扬声器听不到任何噪声。当 BK1088 的音频输出电压为 100mV 时，经 SJ2038 放大后实测在 4Ω 负载上可得到 290mW 的音频功率，符合小收音机的使用需求。

HXJ2038、CM2038、PM2038、SP2038 与 SJ2038 功能相同，引脚排列一样，它们之间可互换使用。

（8）供电/充电单元　本着绿色环保、使用方便、体积小容量大的原则，本机选择了 3.7V/600mA·h 锂电池供电。供电分为两路，一路是锂电池提供的 3.7V 电源直接供给功率放大单元，另一路是锂电池的 3.7V 电源经过 IC6 降压、稳压后提供的 3V 供电。3V 供电提供给 DSP 收音单元、控制/显示单元、存储单元。

锂电池充电电路由 IC3 及 4 个外围元器件构成，充电电流为 280mA。发光二极管 LED 为充电指示，充电状态时 LED 发光，电池充满后 LED 熄灭。DC 为外接电源插座。当电源开关 POWER 键按下时，收音机由锂电池供电；当电源开关 POWER 键抬起时，如果外接电源没有接入，则收音机处于关机状态；如果接入了外接电源，则外接电源既给收音机供电又使充电电路得电对锂电池充电，此时收音机可边充电边收听广播。如果在充电时不想收听广播，将音量调至最小。外接电源采用 5V/500mA 的直流电源。

任务实施

一、实操准备

1）将本任务要用到的贴片电阻、贴片电容、贴片电感、贴片集成电路、其他元器件分别装入 5 个元件盒中。

2）电子装配常用工具。

3）数字万用表。

二、制作步骤

制作步骤见表 2-8。

表 2-8　制作步骤

步序	步骤名称	图　示	说　明
1	焊装 20 只贴片电阻	 R20 R22 R24 R26 R28 R30 RS 部分贴片电阻的焊装图置	本制作用到 20 只贴片电阻
2	焊装 28 只贴片电容	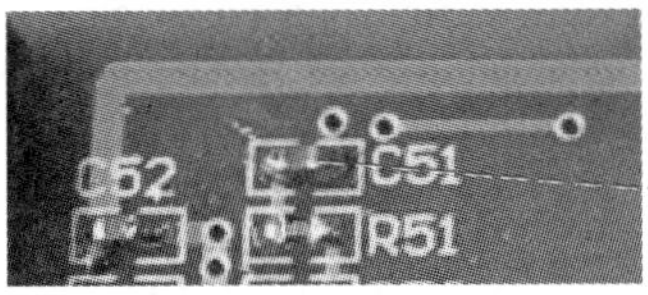 C52 C51 R51 部分贴片电容的焊装图置	本制作用到 28 只贴片电容
3	焊装贴片电感 L2	 IC1 L2的焊装位置	
4	焊装贴片晶体管 VT21～VT24	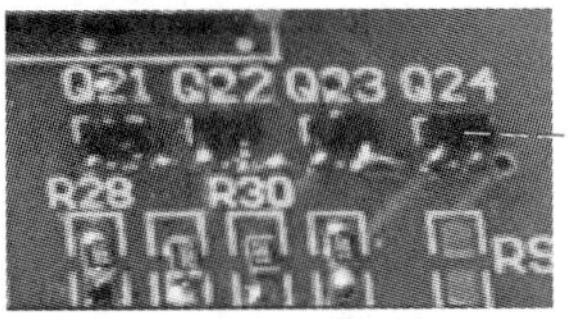 Q21 Q22 Q23 Q24 R28 R30 RS 贴片晶体管	VT21～VT24 8550
5	焊装贴片集成电路 IC1、IC3、IC4、IC6	 IC4 R2 部分贴片集成电路的焊装图	
6	焊接晶体振荡器 B1、B2	 C9 B1 B1要卧式安装	
7	焊装 IC2、IC5 的 IC 插座	  STC C54 IC5	IC2 的插座为 40 脚 IC5 的插座为 16 脚

（续）

步序	步骤名称	图示	说明
8	焊装耳机插座 PJ		耳机插座PJ
9	焊装扬声器 SP 插针、电池 E 的插针	 	扬声器SP插针 电源插针要装在电路板背面
10	焊装外接电源/充电插座 DC		电源/充电插座DC
11	焊装数码管 DISPLAY、发光二极管 LED		数码管(DISPLAY) 发光二极管(LED)
12	焊接电源开关 POWER、波段开关 BAND、轻触开关 S1~S5		轻触开关 电源开关 波段开关

（续）

步序	步骤名称	图示	说明
13	安装磁性天线 L1，焊接线圈引线		焊接线圈引线 磁性天线用热熔胶固定在电路板上 磁性天线用热熔胶固定在电路板上
14	固定锂电池，焊接供电引线	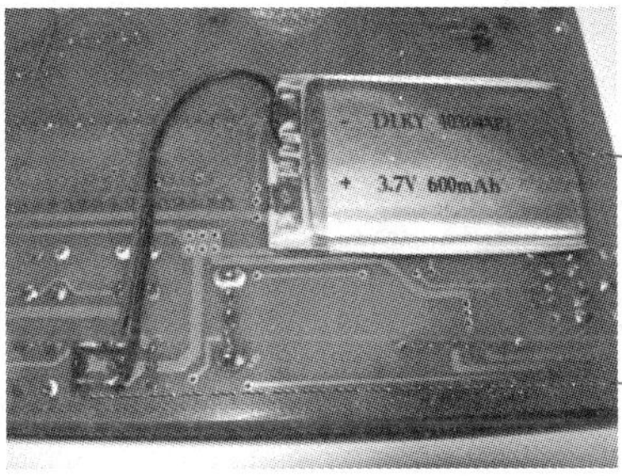	用热熔胶将锂电池固定在电路板背面 焊好供电引线，注意区分好正负极，红线是正极
15	安装拉杆天线	 	在电路板正面穿入螺钉 在电路板背面用螺母固定
16	将 IC2、IC5 插入插座		IC2插入插座 IC5插入插座

（续）

步序	步骤名称	图示	说明
17	固定扬声器	  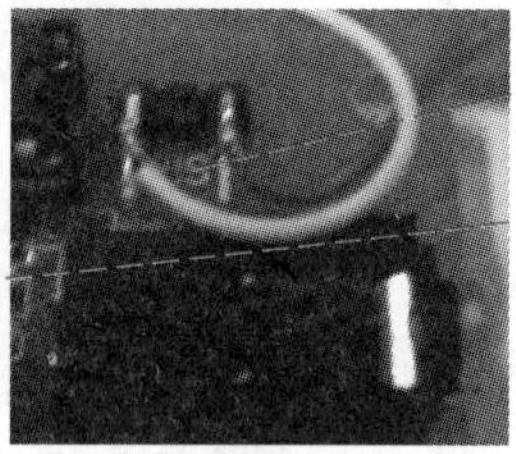	出声孔 焊接扬声器引线 将扬声器放置于前面板的出声孔位置，在扬声器四周打上热熔胶进行固定
18	安装前面板、背板	 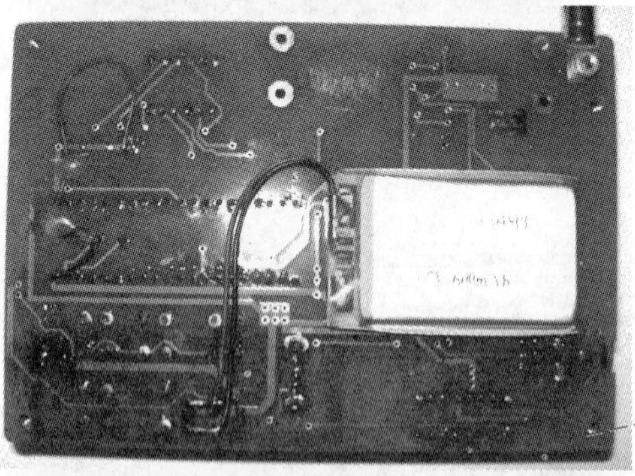	在前面板上用螺钉固定4个长铜螺柱 将电路板放置于4个长铜螺柱上，并使4个安装孔与铜螺柱对齐 在背板装入4个长螺钉，并在4个长螺钉上装入4个短螺柱，注意螺柱先不要拧紧

（续）

步序	步骤名称	图　示	说　明
18	安装前面板、背板	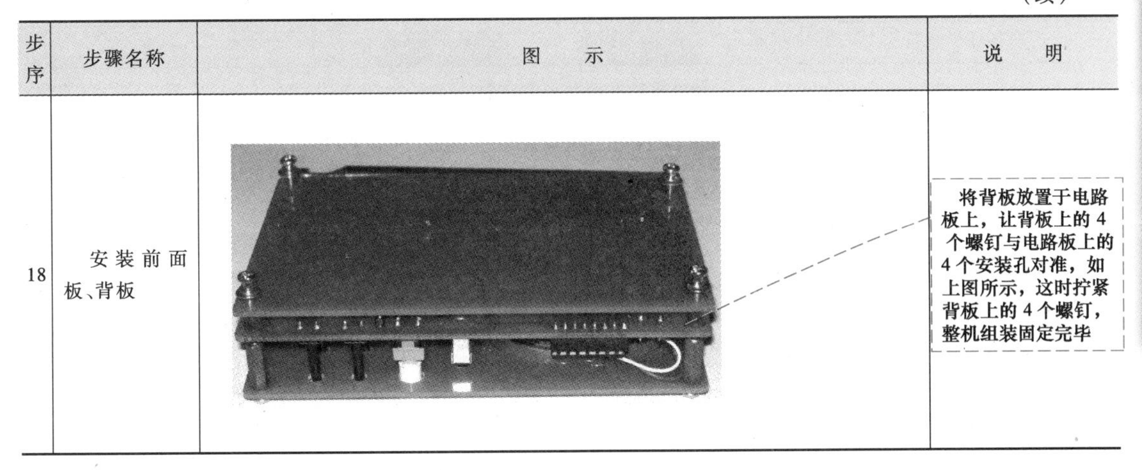	将背板放置于电路板上，让背板上的 4 个螺钉与电路板上的 4 个安装孔对准，如上图所示，这时拧紧背板上的 4 个螺钉，整机组装固定完毕

三、整机功能检测

1. 初始化检测

整机组装完毕后，按下电源 POWER 按钮，波段开关 BAND 置于调频位置时，数码管会显示 87（MHz）；波段开关 BAND 置于调幅位置时，数码管会显示 522（kHz）；这表示硬件焊装无误，单片机中的软件程序运行正常。

2. 自动搜台功能的检测

持续按住搜/存台按钮 S5 在 3s 以上，收音机将进入自动搜/存台模状态；在此状态时，收音机从频段的下边界开始搜索，数码管显示搜索进度（即频率值），当搜索到有效台时将存储此台并显示当前存台数量（即台位号），搜索到频段的上边界时将退出搜/存台状态并播放 1 号台的广播节目。

3. 音量控制功能的检测

S3/S4 是音量升/降键，按动 S4 使数码管显示值逐步减小，这时音量也随之减小；按动 S3 使数码管显示值逐步增大，这时音量也随之增大。

4. 立体声效果的检测

插入立体声耳机，收听调频立体声电台的广播节目，在耳机中应当可以欣赏到立体声的效果。

5. 断电记忆功能的验证

在正常收听广播节目的状态下，按 POWER 键关闭收音机，之后再次按 POWER 键开启收音机，这时收音机的台位及音量应当和关机前的状态相同，这证明断电记忆功能正常。

6. 充电功能的检测

按 POWER 键关闭收音机，将 5V 充电器接入收音机，收音机上的红色充电指示灯点亮，表示正在充电，大约 2h，充电指示灯熄灭，表示充电结束，拔掉充电器即可。

任务评价

任务评价见表 2-9。

表 2-9 任务评价表

评价项目	评价标准
DSP 收音机的基础知识	1. 能够解释什么是 DSP 收音机 2. 能够说明 DSP 的优势 3. 能够说出 DSP 收音机的实际产品应用
DSP 收音机原理图的识读分析	1. 掌握本 DSP 收音机的构成单元 2. 知道各按钮的功能作用 3. 对照原理图会分析收音机如何进入充电状态
元器件安装工艺	1. 元器件排列整齐,贴片电阻字符面朝上 2. 特殊元器件按要求安装 3. 电路板和元器件无烫伤和划伤处,整机清洁无污物
焊接质量	1. 焊点锡量适中 2. 机械强度足够高 3. 外观光洁整齐无毛刺
整机功能检测	各功能均能正常实现

※学习单元小结※

知识点

- 调幅收音机的组成框图，各部分电路作用
- 单级电压放大电路的构成
- 互补推挽功率放大电路的构成及工作过程
- 调幅收音机低频电路的工作过程
- 调谐放大器的电路构成及工作过程
- 中频放大电路、检波电路、输入电路、变频电路的作用
- 调幅收音机中、高频电路工作原理

技能点

- 识读调幅收音机的电路原理图
- 识读调幅收音机的电路板图
- 识别、检测元器件
- 安装、焊接电路
- 选取调幅收音机低频电路，中、高频电路测试点
- 使用示波器测出波形

学习单元三
制作超外差式黑白电视机

※学习单元导读※

超外差式黑白电视机电路既包含音频信号处理电路，又包含视频信号处理电路，是非常完美的音视频电子制作载体。本单元通过制作与测试超外差式黑白电视机，学习电视技术的基础知识，黑白电视机处理视频信号、音频信号电路的工作原理；认识很多新的元器件，能够焊接、组装、调试更加复杂的电路。

※学习单元导图※

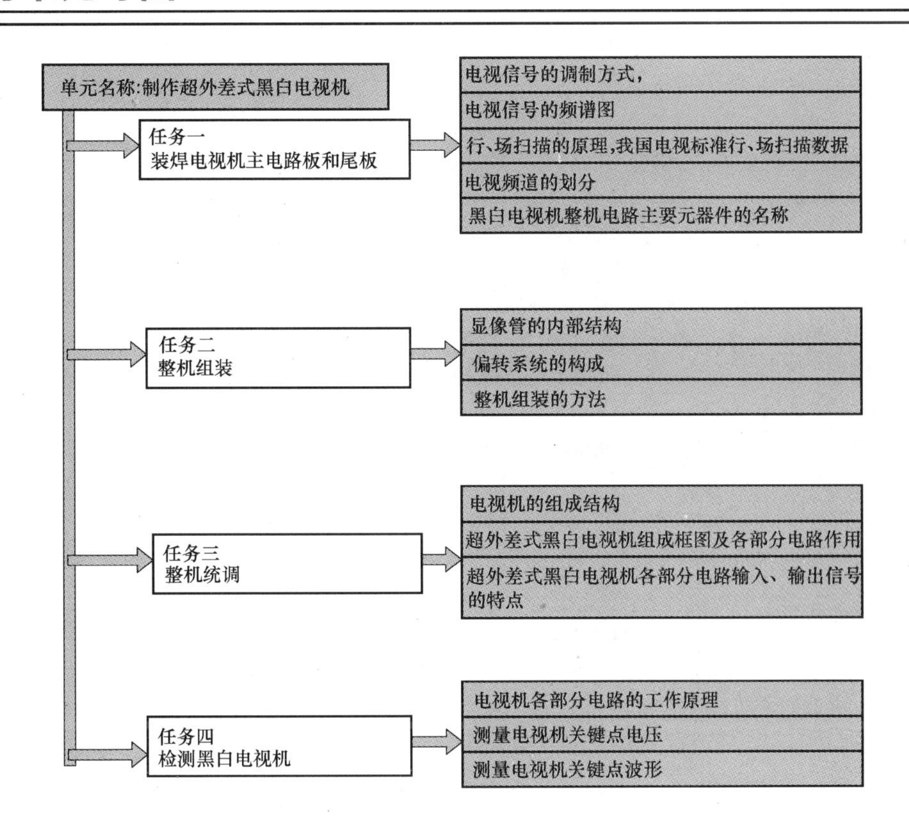

※学习单元目标※

1. 掌握超外差式黑白电视机的组成框图。

2. 了解高频头、预视放电路、显像管电路、扫描电路、中高压电路的构成及作用。
3. 掌握超外差式黑白电视机各部分电路输入、输出信号的名称和特点。
4. 能够清点、识别、检测超外差式黑白电视机的元器件。
5. 正确处理元器件及导线引线端头，能够完成元器件的安装、焊接及组装。
6. 能够正确使用万用表、信号源、示波器、检测电路并完成统调。

任务一　装焊电视机主电路板和尾板

任务描述

黑白电视机电路复杂，元器件众多，本任务要求学生按照电子产品制作要求，从低到高装焊主电路板和显像管尾板，完成元器件识别、检测、焊接的任务。

本机的主要参数是：电源变压器输入为交流 220V，输出为交流 12V，外接直流输入电压为 12V，整机电流为 0.8～1.2A，显像管灯丝电压为 6.3V（有效值），阳极高压为 6～7kV，天线输入电阻为 75Ω，视频输入阻抗为 75Ω，图像清晰度大于 380 线，伴音输出功率为 1W。

任务分析

本任务为焊接黑白电视机主电路板和尾板，在焊接之前，首先要了解电视广播的基础知识，然后要按照电路原理图识别各种元器件，进行检测，并逐级进行焊接。

任务目标

1. 掌握电视信号的调制方式，了解电视信号的频谱图。
2. 熟悉行、场扫描的原理，掌握我国电视标准行、场扫描数据。
3. 了解电视频道的划分。
4. 了解黑白电视机整机电路主要元器件的名称。
5. 正确装焊黑白电视机主电路板。

知识铺垫

一、电视信号的传送过程

电视信号是载有图像信息的电信号，为了学习电视信号的传送，我们首先了解一下图像的分解与重现。

1. 图像的分解与重现

像素：组成图像的最小单位，像素越小，数目越多，则图像就越清晰。

同时制传送：如图 3-1a 所示，将所有像素的信息同时传送，因其需要和像素数目相同的传输通道，所以难以实现。

顺序制传送：如图 3-1b 所示，将像素信息依次传送的方法。

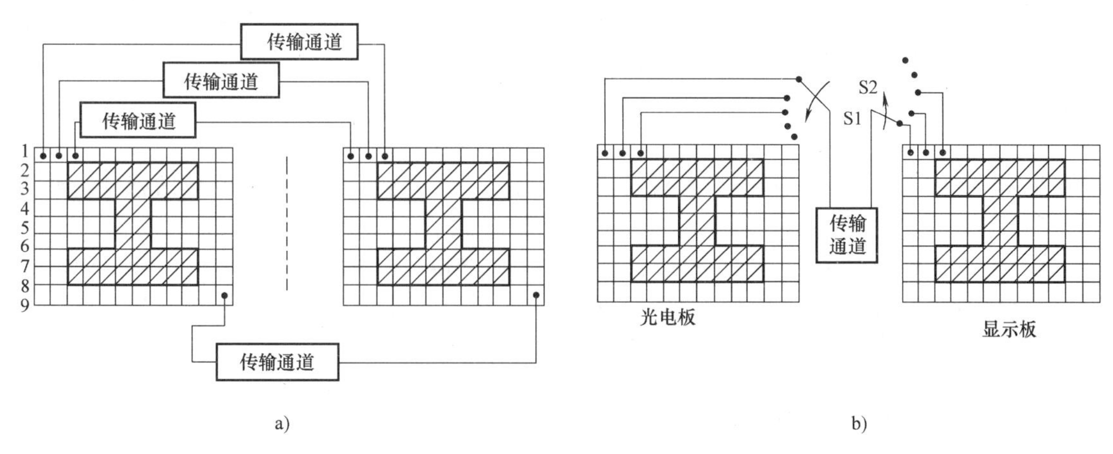

图 3-1 图像的两种传送方式

a）同时制传送方式 b）顺序制传送方式

2. 摄像管与显像管（见图 3-2）

摄像管的作用是将光信号转换为电信号；显像管的作用是将电信号转换为光信号。

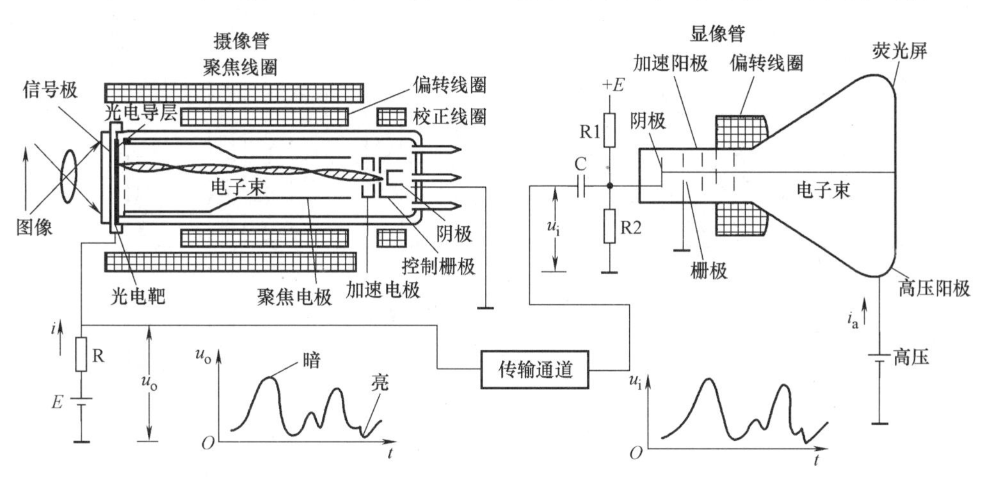

图 3-2 摄像管与显像管

在摄像管前方玻璃内壁上镀有一层金属膜，金属膜内有一层光电导层，相当于光电板，称为光电靶。当图像投影到光电靶时，光电导层就会根据像素亮暗的程度，产生电导率高低的变化。由阴极射出的电子束在偏转线圈的作用下从左至右、从上而下地射到光电靶上，依次拾取光电靶上各点的信号，这个作用相当于开关，电子束射到亮点时回路产生的电流就大些，而射到暗点时回路产生的电流就小些，这样就将图像各像素转换成相应的电信号，并传送出去。

电视机的显像原理如下：在显像管屏面内壁涂有一层荧光粉，荧光粉在电子束的轰击下会发光，它相当于显示板，电子枪产生的电子束在偏转线圈的作用下，从左至右、从上而下依次轰击荧光屏，使荧光层发光，这个作用相当于图 3-1b 中的开关 K2。电子枪由阴极、栅极、加速阳极、高压阳极组成，阴极产生的自由电子在电子枪内形成电子束，当经过传输通道送来的反映图像像素亮暗信息的电信号加至阴极时，阴极与栅极之间的电位差就会随发送信号的大小而变化，从而改变电子束的强弱，使显像管荧光屏上各光点的亮暗程度和发送信号一致，即在荧光屏上还原图像。

3. 活动图像的传送

要传送活动的图像，只要将运动的物体图像连续地分为若干幅稍有变化的静止图像，只要每两幅图像传送的时间间隔小于人眼视觉暂留时间，人眼就会产生连续动作的感觉，即实现了活动图像的传送。

我国电视每秒钟传送25幅（也称25帧）图像，但每帧图像分两次来传送，每次称为一场，这样每秒钟传送50场图像，采用这种方法不但电视信号频带宽，电视设备简单，而且还可消除人眼对图像的闪烁感。

二、黑白电视机广播过程

图3-3a为发送端。

声音信号：经音频放大器、音频调制器后加至混合器。

图像信号：经图像信号放大器放大后与同步信号发生器送来的同步脉冲相加经图像调制器加至混合器，由发射天线送出。

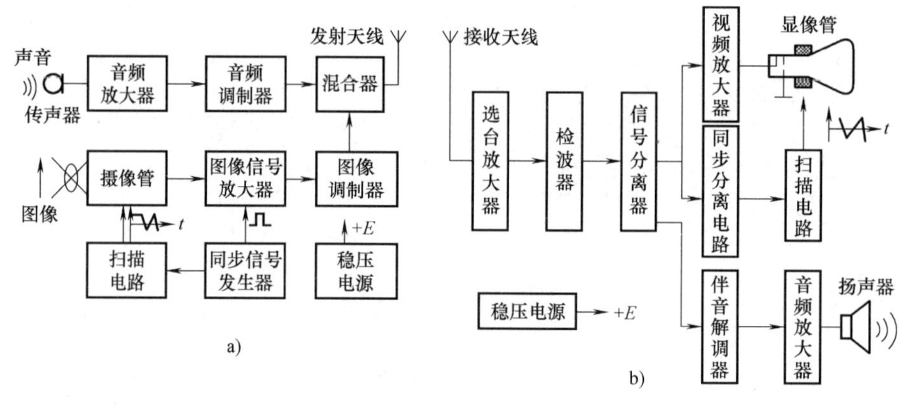

图3-3 电视信号的发送与接收

a）发送端 b）接收端

图3-3b为接收端。

接收到的电视信号：经选台放大器、检波器、信号分离器，分离出的视频信号经视频放大器，送至显像管。

同步分离电路：分离出的同步信号控制扫描电路，产生和发送端同频同相的扫描电流加至显像管的偏转线圈，以产生显像管的电子扫描还原图像。

信号分离器分离出的伴音信号：经解调器、放大器，推动扬声器发出声音，从而完成黑白电视机广播过程。

三、全电视信号内容及作用

黑白全电视信号如图3-4所示。

1. 图像信号

图像信号反映了图像各像素的亮暗信息。

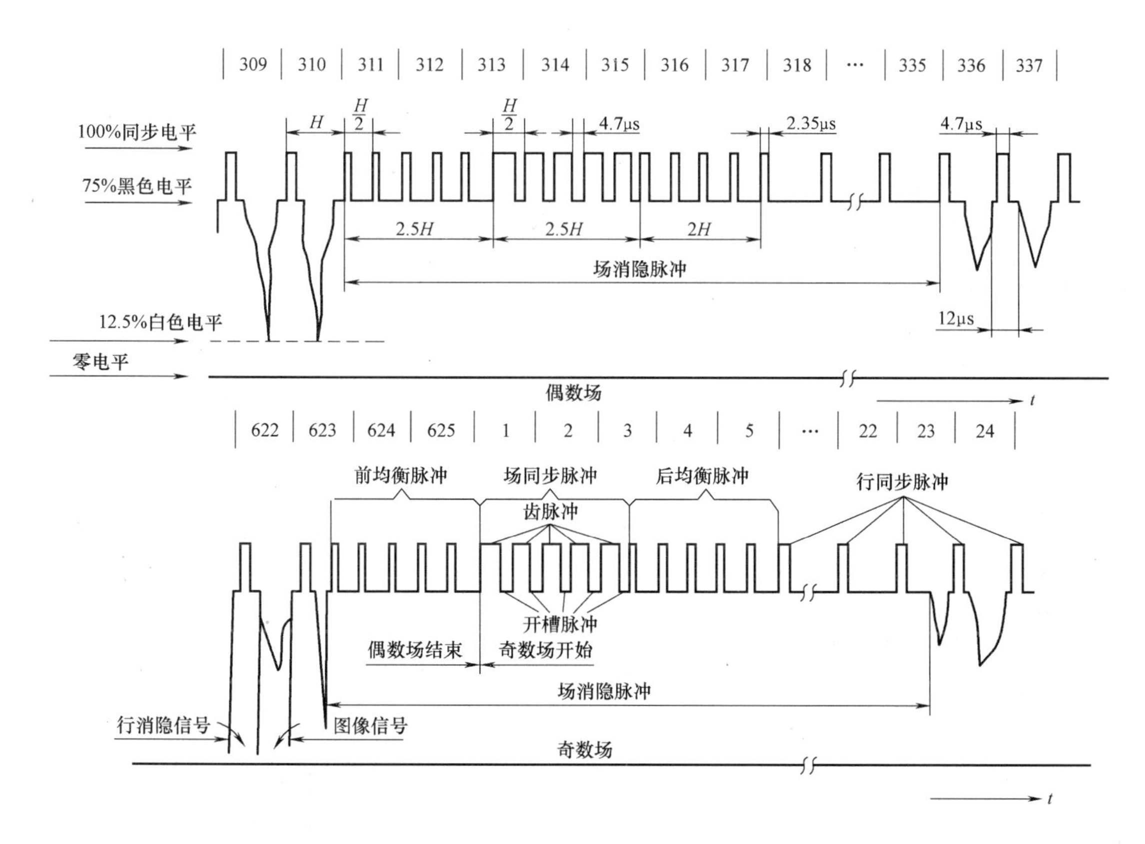

图 3-4 黑白全电视信号

（注：H 为每行时间，$H = 64\mu s$）

从图 3-5 中可以看出，曲线相对高度的 12.5%以下为白电平，75%以上为黑电平，75%处为消隐电平，100%为同步电平。图像电平范围为 12.5%~75%。

电平越高，图像越暗，电平越低，图像越亮，这种电平高低与图像亮暗成反比的信号称为负极性信号，与此相反的信号称为正极性信号，我国电视发送与接收都采用负极性视频调制信号。

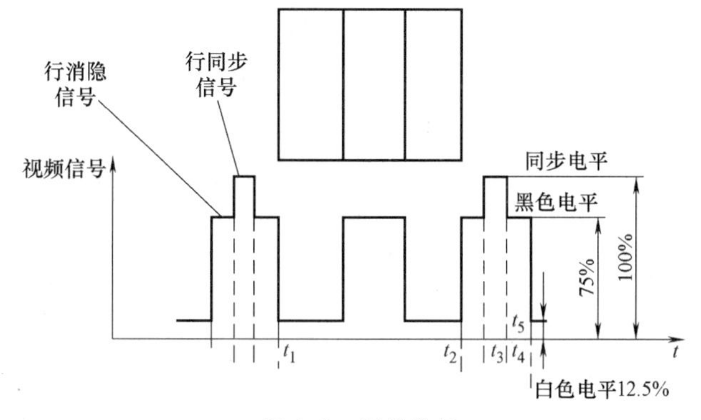

图 3-5 图像信号

2. 消隐信号

消隐信号分为行消隐信号和场消隐信号。

行消隐信号出现在行扫描逆程时间，用来消除行回扫线。

场消隐信号出现在场扫描逆程时间，用来消除场回扫线。消隐信号的电平为 75%。

3. 同步信号

复合同步信号分为行同步信号和场同步信号，如图 3-6 所示。

行同步信号使接收机中的行扫描与发送端的行扫描同步在行扫描逆程时间，就像“坐”

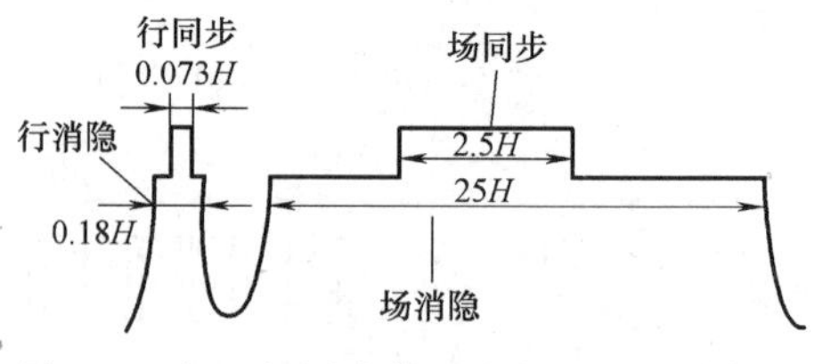

图 3-6　行、场同步信号与行、场消隐信号

在行消隐脉冲之上，脉宽 4.7μs（0.073H），电平 100%。

场同步信号使接收机中的场扫描与发送端的场扫描同步在场扫描逆程时间，就像“坐”在场消隐脉冲之上，脉宽 160μs（2.5H），电平 100%。

4. 槽脉冲

为了在场同步信号期间不丢失同步信号，使行扫描保持同步，在场同步信号中开了 5 个凹槽，称为槽脉冲。

槽脉冲的后沿对准行同步信号前沿，槽脉冲宽度与行同步脉冲宽度一样，这样在场同步脉冲期间，槽脉冲起到行同步脉冲的作用，保证行同步信号的连续性。

5. 均衡脉冲

保证隔行扫描中偶数场正好镶嵌在奇数场之间，不致产生并行现象在场同步脉冲前后各有 5 个窄脉冲，宽度为行同步脉冲宽度的一半，间隔为 $H/2$。

四、电视信号的调制

1. 图像信号的调制

图像信号的调制采用残留单边带调幅。

由于全电视信号频带宽度为 6MHz，调幅波的频带宽度为全电视信号频带宽度的两倍，即 12MHz，这就使一定的频段可容纳的电视台数量受到限制。同时宽频带还会使有关设备变得复杂，因此在电视广播中采用残留单边带调幅的方法来压缩频带。采用的频谱特性图如图 3-7 所示。

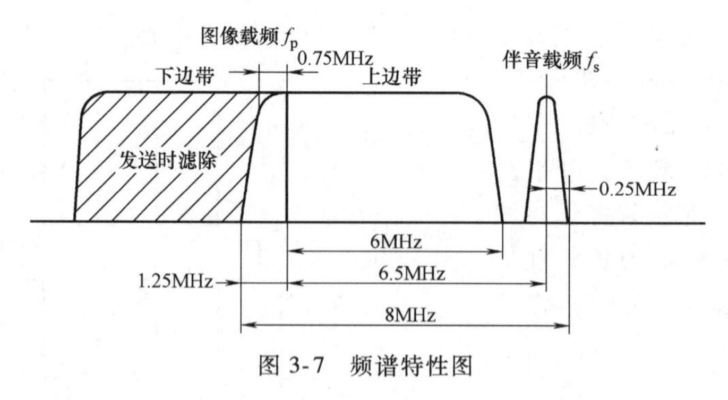

图 3-7　频谱特性图

实际发送：上边带及残留下边带的内容，加上伴音载波，每个电视频道带宽要占 8MHz。

2. 伴音信号的调制

伴音信号的调制采用调频制。

伴音是与图像内容配合的音频信号，采用调频制，和调频广播相比只是射频高低的不同，所以用调频收音机也可收听电视伴音。

我国电视标准规定：调频波的频带宽度为 0.5MHz。

伴音调频信号的波形如图 3-8 所示。

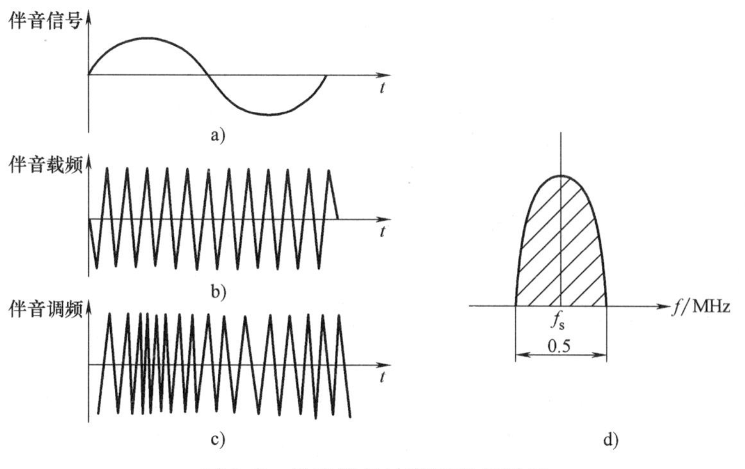

图 3-8 伴音信号波形图及频谱图

a）伴音信号 b）载频信号 c）伴音调频高频信号 d）伴音调频信号的频谱图

3. 电视频道划分

表 3-1 所示为电视频段与频道的划分。

表 3-1 电视频段与频道的划分

频段名称	符号	频率范围/MHz	容纳频道
甚高频—低段	VHF—L	48.5～92	1～5
甚高频—高段	VHF—H	167～223	6～12
超高频	UHF	470～958	13～68

表 3-2 所示为甚高频各频道频率分配表。

表 3-2 甚高频各频道频率分配表

电视频道	频率范围/MHz	图像载频/MHz	伴音载频/MHz	本机振荡频率/MHz	频道中心频率/MHz	频道中心波长/m
1	48.5～56.5	49.75	56.25	87.25	52.5	5.72
2	56.5～64.5	57.75	64.25	95.75	60.5	4.96
3	64.5～72.5	65.75	72.25	103.75	68.5	4.38
4	76～84	77.25	83.75	115.25	80	3.75
5	84～92	85.25	91.75	123.25	88	3.41
6	167～175	168.25	174.25	206.25	171	1.76
7	175～183	176.25	182.75	214.25	179	1.68
8	183～191	184.25	190.75	222.25	187	1.60
9	191～199	192.25	198.75	230.25	195	1.54
10	199～207	200.25	206.75	238.25	203	1.48
11	207～215	208.25	214.75	246.25	211	1.42
12	215～223	216.25	222.75	254.25	219	1.37

四、行、场扫描原理

1. 行扫描

行扫描正程：电子束在显像管荧光屏中从左向右进行水平扫描。

行扫描逆程：电子束在显像管荧光屏中从右回到左。

2. 场扫描

场扫描正程：电子束从荧光屏最上边扫到最下边。

场扫描逆程：电子束从荧光屏最下边返回到最上边。

3. 光栅

电子束的行、场扫描按一定频率同时进行就可以在荧光屏上形成光栅。

4. 隔行扫描

隔行扫描就是把一帧图像分为两场扫完，如图 3-9 所示。

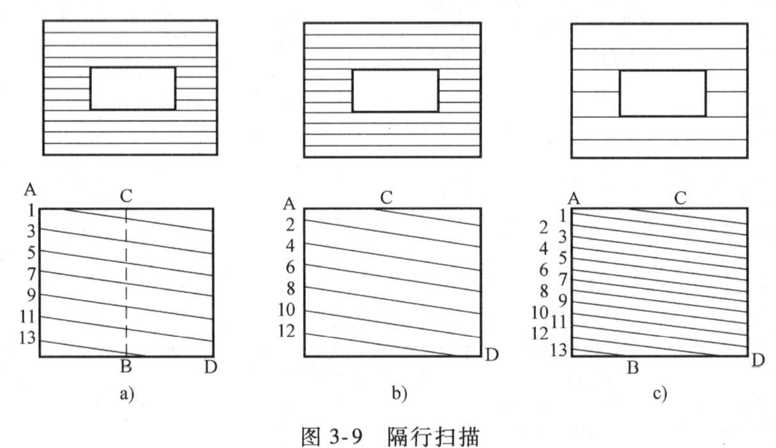

图 3-9 隔行扫描

a）奇数场 b）偶数场 c）一帧扫描及图像

第一场扫 1、3、5 等奇数行，形成奇数场图像，第二场扫 2、4、6 等偶数行，形成偶数场图像奇数场与偶数场图像镶嵌在一起，就会使我们看到一幅完整的图像

我国电视标准规定：每帧为 625 行，一场要扫 312.5 行。

电视扫描速度为 25 帧/s，一帧又由两场组成，即 1s 内的场数为 50，场频为 50Hz，1s 内的扫描行数为 625×25=15625 行，即行频为 15625Hz。

五、教学实习专用 5.5in 黑白电视机简介

教学实习专用 5.5in 黑白电视机整机电路如图 3-10 所示。这种微型黑白电视机的小信号处理电路使用一块超中规模集成电路 AN5151（或 KA2915、AN5150、CD5151），而伴音功率放大电路也通常采用的是一块小规模集成电路 AN386。该机还使用了新型的电调谐高频头，整机消耗十余瓦，直流电流约 0.8A，外观轻巧，便于携带，加上电路设计新颖，图像清晰，电性能参数较高，深受广大学生和老师的喜爱。

图 3-10 整机电路

六、集成电路简介

1. CD5151CP

（1）概述与特点　CD5151CP 的外形如图 3-11 所示。

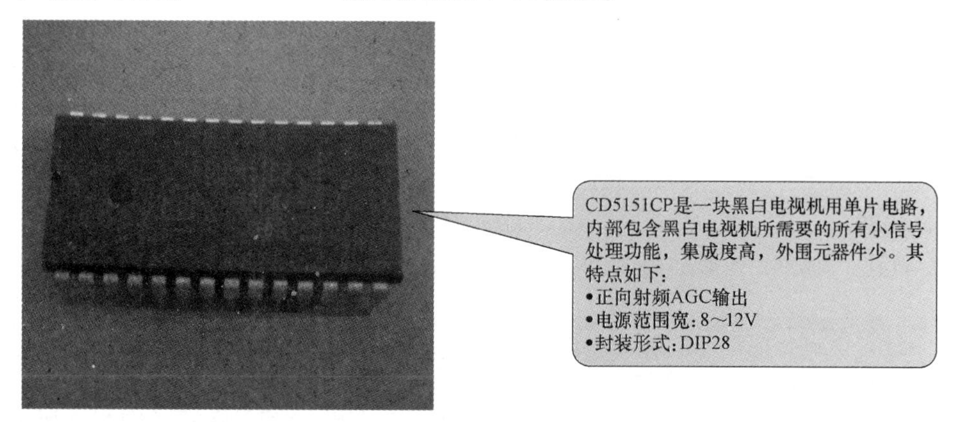

图 3-11　CD5151CP 外形图

（2）组成框图（见图 3-12）

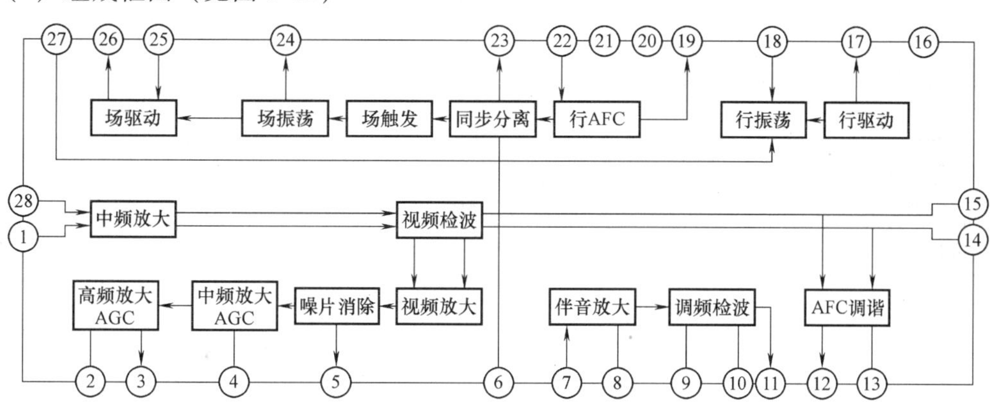

图 3-12　CD5151CP 的组成框图

（3）引脚说明　引脚说明见表 3-3。

表 3-3　CD5151CP 的引脚功能

引脚	符　号	功　能	引脚	符　号	功　能
1	IN_{PIF1}	图像中频输入 1	9	OUT_{SIF}	伴音中频输出
2	CON_{RFAGC}	RFAGC 控制	10	OUT_{DET}	伴音鉴相输入
3	OUT_{RFAGC}	RFAGC 输出	11	OUT_{AF}	音频放大输出
4	FIL_{AGC}	AGC 滤波	12	OUT_{AFT}	调谐 AFT 输出
5	OUT_{VF}	视频输出	13	TA_{AFT}	AFT 移相网络
6	IN_{SS}	同步分离输入	14	TA_{IF1}	调谐回路 1
7	IN_{SIF}	伴音中频输入	15	TA_{IF2}	调谐回路 2
8	BI_{SIF}	伴音中频偏置	16	V_{CC2}	电源电压 2

（续）

引脚	符　号	功　能	引脚	符　号	功　能
17	OUT_H	行激励输出	23	OUT_{SS}	同步分离输出
18	OSC_H	行振荡	24	CON_{SV}	场同步控制
19	OUT_{HAFC}	行 AFC 输出	25	FB_{RAMP}	锯齿波反馈
20	V_{CC1}	电源电压 1	26	OUT_V	场激励输出
21	GND	地	27	OUT_{XP}	X 射线保护
22	IN_{FP}	回扫脉冲输入	28	IN_{PIF2}	图像中频输入 2

2. LM386

（1）概述　LM386 外形如图 3-13 所示。

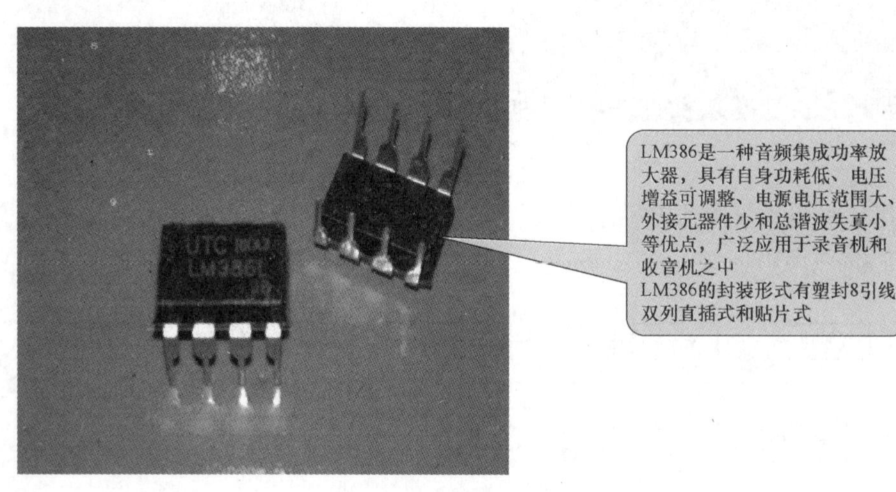

图 3-13　LM386 外形图

（2）引脚功能图（见图 3-14）

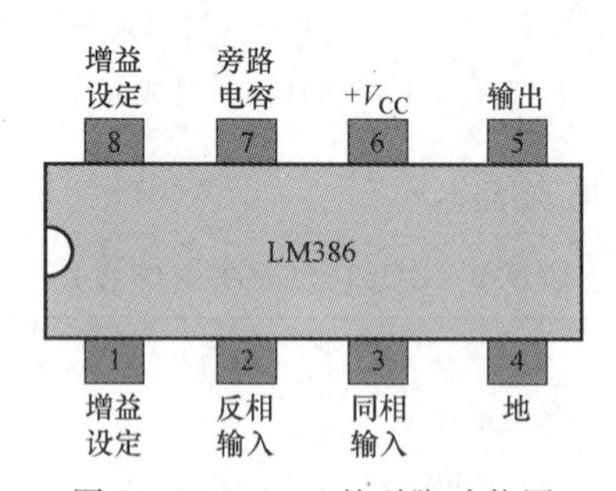

图 3-14　LM386 的引脚功能图

3. 集成电路引脚顺序的识别

将集成电路的字符面朝上，外壳的定位缺口朝左，如图 3-15 所示，此时缺口下方的第一个引脚为 1 号引脚，从 1 号引脚开始逆时针方向引脚号顺序增加。

用电阻测试法很难判断集成电路的好坏，可将集成电路安装到电路中后，通过测试引脚电压、波形，可以检测其好坏。

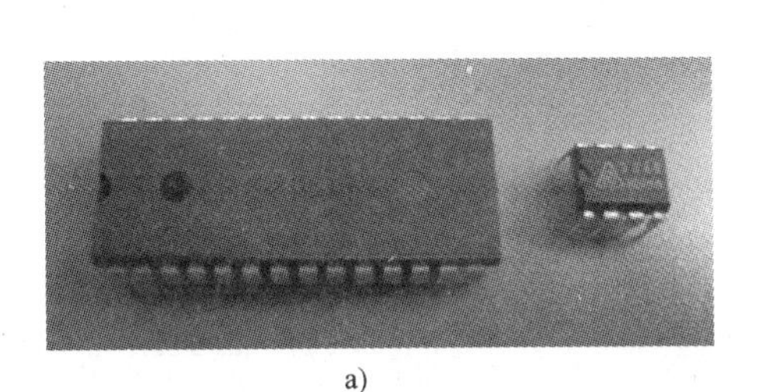

a)

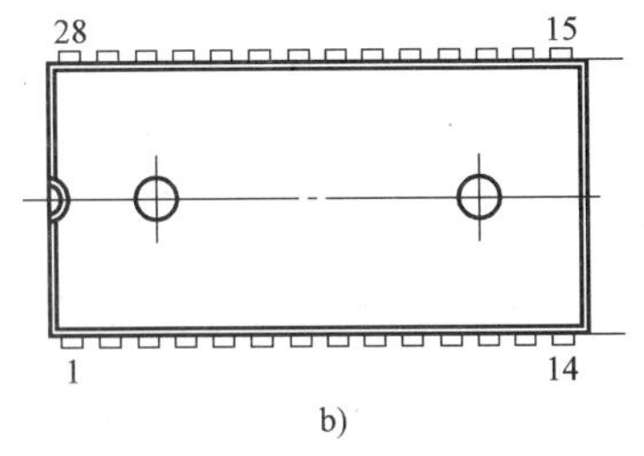

b)

图 3-15　集成电路引脚顺序识别图

a）集成电路实物照片　b）引脚顺序识别图

七、特殊元器件介绍

1. 声表面波滤波器（SAWF）

（1）概述　SAWF 是一种能一次形成所需要的中频特性曲线的新型无源固体电子器件。声表面波是一种超声波，它是一种能沿着固体表面传播的机械振动波，能量集中在固体表面的一定范围，它的传播速度是电磁波传播速度的 1/10 万左右，且与频率无关。

（2）检测　将万用表拨至 200MΩ 档，除了接地引脚外，测量任意两个引脚间的电阻值均应为无穷大，如果有阻值或阻值为 0，则声表面波滤波器漏电损坏；测量 3 个非接地引脚与接地引脚间的电阻值均应为无穷大，如果有阻值或为阻值 0，则声表面波滤波器漏电损坏。

2. 陶瓷滤波器（见图 3-16）

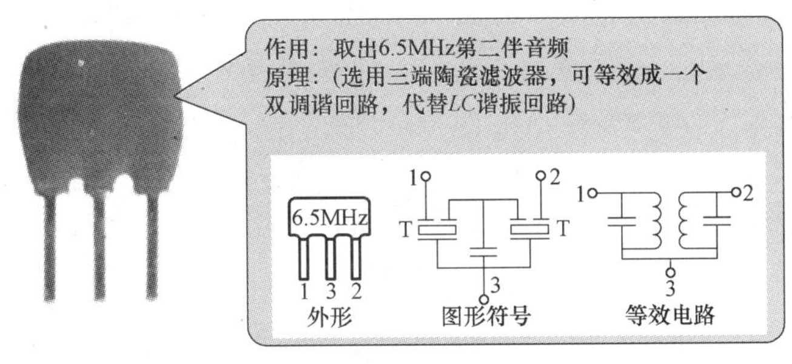

图 3-16　陶瓷滤波器

陶瓷滤波器的检测：万用表拨至 200MΩ 档，测量任意两个引脚间的电阻值均应为无穷大，如果有阻值或阻值为 0，则陶瓷滤波器漏电损坏。

3. 高频头 TDQ-4

高频头也称为全频道电子调节器，共有 10 个引脚：1 脚为天线输入端；2 脚为自动增益控制（AGC）端；3、5、6 脚为波段选择控制端，波段选择电压为 9.1V；4 脚为调谐电压输入端；7 脚闲置不用；8 脚为高频头供电端；9 脚为电视中频信号输出端；10 脚接地。

八、认识整机电路

教学实习专用 5.5in 黑白电视机主电路板电路图如图 3-15 所示。

在电视套件中有两块印制电路板，大块的印制电路板称为主电路板，小块的六边形的电路板最后安装在显像管的尾部，称为尾板。如图 3-18 所示。

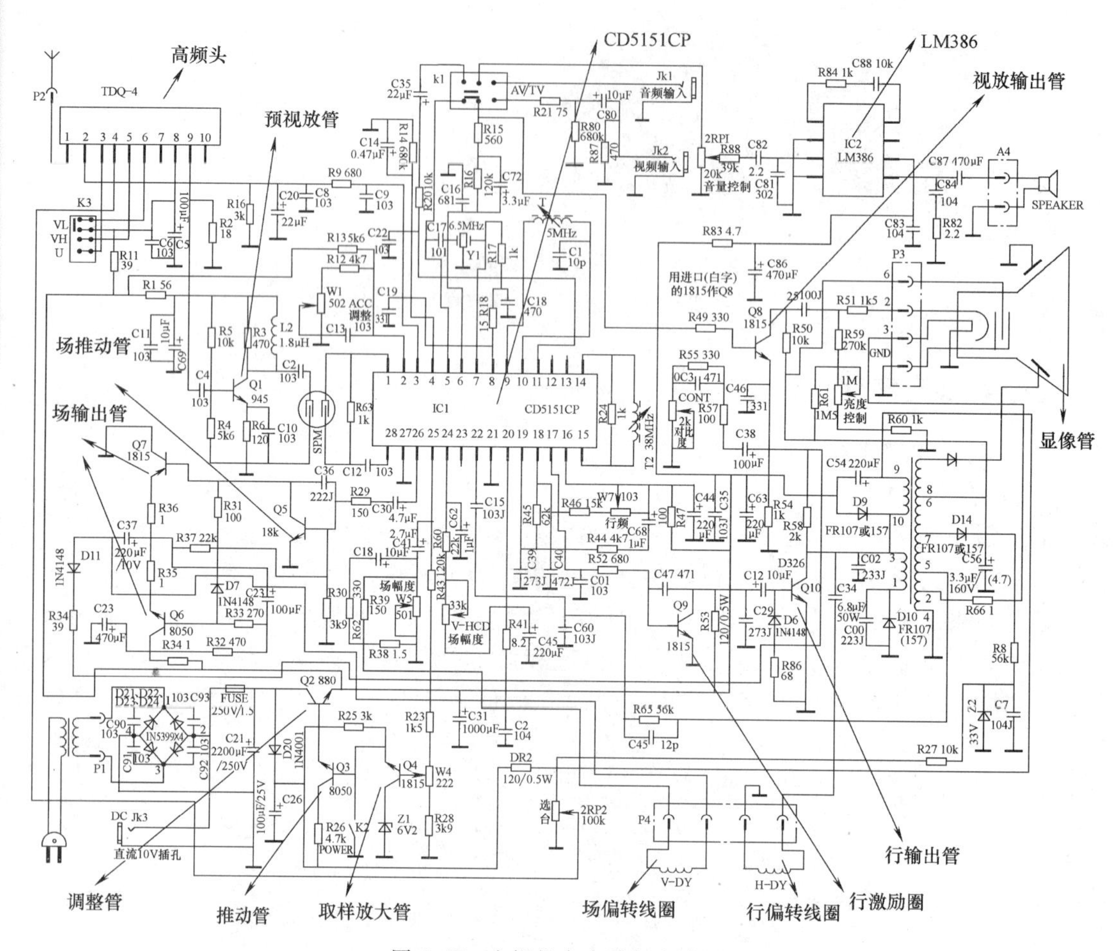

图 3-17 电视机主电路板电路图

注：为了与实际应用的主电路板电路图相对应，本图只修改了与国标不符的图形符号，文字符号保留。

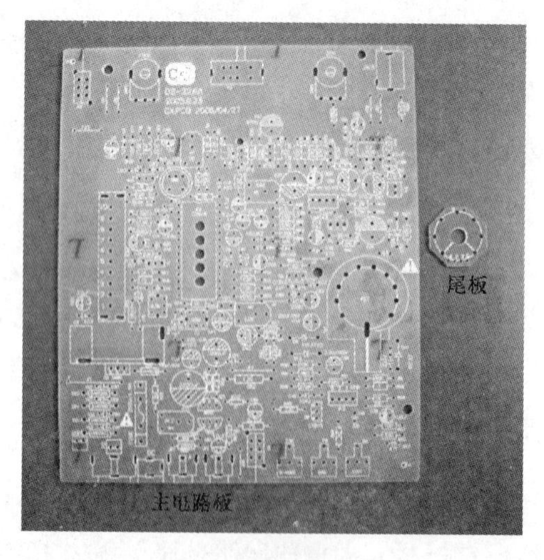

图 3-18 电路板图

任务实施

一、实操准备

1）电路原理图，电视机套件。

2）检测工具：数字万用表。

3）焊接工具：电烙铁等。

二、制作步骤

制作步骤见表3-4。

表3-4　制作步骤

步序	步骤名称	图　示	说　明
1	安装、焊接跳线	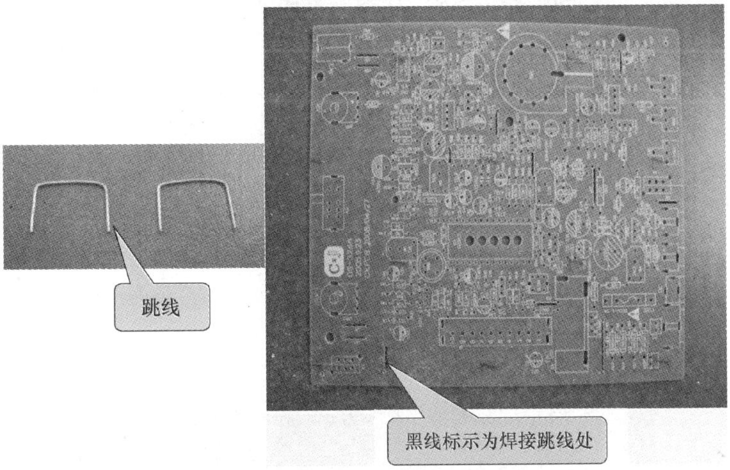 跳线 黑线标示为焊接跳线处	板上共有13根跳线，在图中用黑线做了标示 跳线要与电路板贴平后才能焊接，这样装焊出来的效果美观，信号干扰最小
2	安装、焊接电阻		主电路板上共有70只电阻，采用卧式焊接，即电阻与电路板贴平后才能焊接
3	安装、焊接色环电感L2	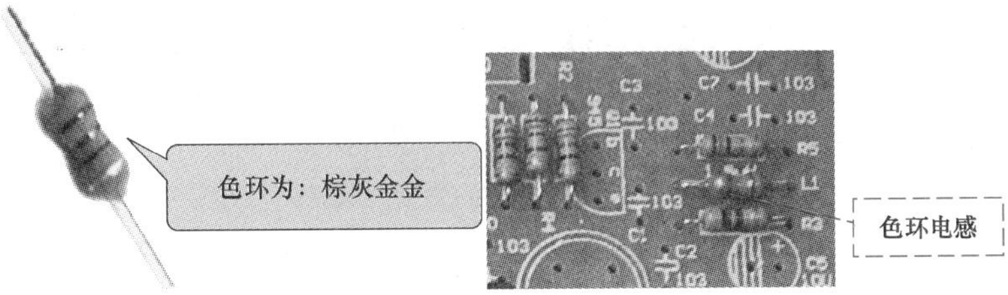 色环为：棕灰金金 色环电感	采用卧式焊接，电感与电路板贴平后才能焊接

（续）

步序	步骤名称	图示	说明
4	安装、焊接集成电路插座IC1、IC2	 IC1：CD5151CP集成块插座  IC2：LM386集成块插座	本电视机套件中用了两块集成电路，编号分别是IC1、IC2 插座要紧贴电路板装、焊
5	焊装13只二极管	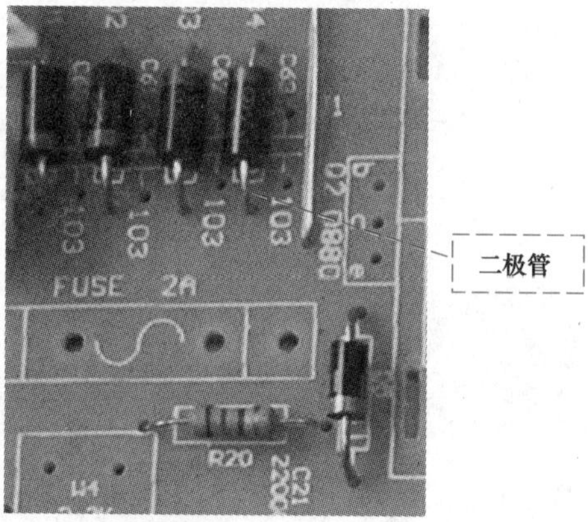 二极管	采用卧式焊接，即二极管与电路板贴平后才能焊接。注意D10采用FR157，Z1采用外壳上印有6V2字样的稳压二极管，Z2采用外壳上印有C33字样的稳压二极管
6	安装、焊接排线连接插座	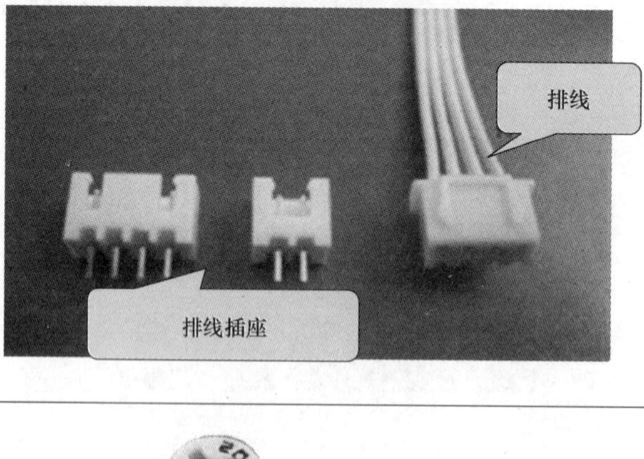 排线 排线插座	共需装焊4个排线插座，分别是P1、P2、P3、P4。注意插座以引脚为中心，有一侧窄一些，有一侧宽一些，安装时要与电路板上的标志对应起来
7	安装、焊接4只微调电阻	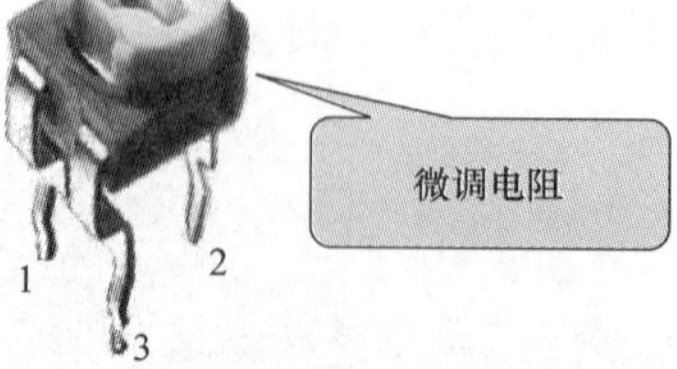 微调电阻 1 2 3	共需装焊4个微调电阻，分别是W1、W4、W5、W7

（续）

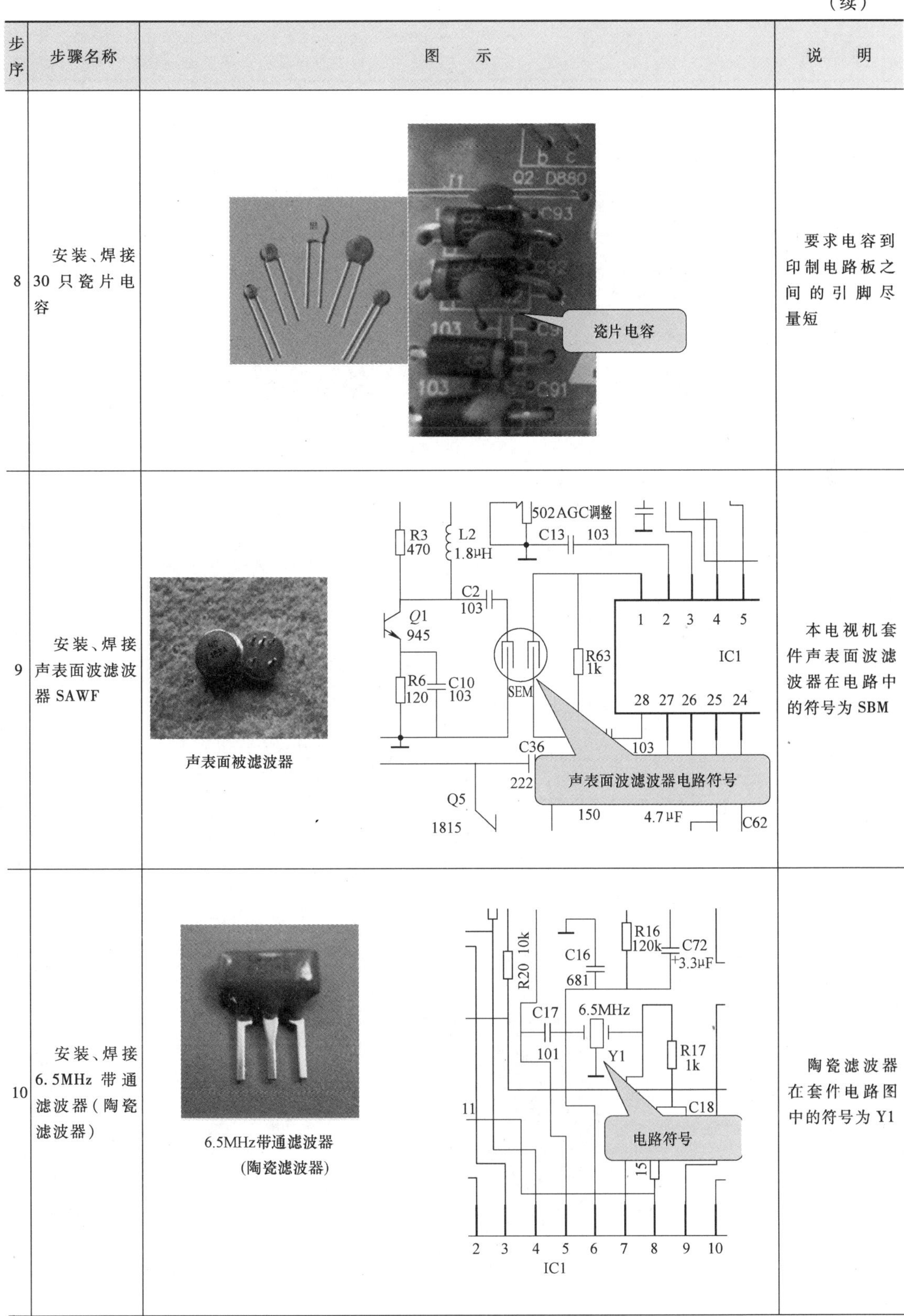

步序	步骤名称	图示	说明
8	安装、焊接30只瓷片电容	瓷片电容	要求电容到印制电路板之间的引脚尽量短
9	安装、焊接声表面波滤波器 SAWF	声表面被滤波器 声表面波滤波器电路符号	本电视机套件声表面波滤波器在电路中的符号为 SBM
10	安装、焊接6.5MHz 带通滤波器（陶瓷滤波器）	6.5MHz带通滤波器 （陶瓷滤波器） 电路符号	陶瓷滤波器在套件电路图中的符号为 Y1

（续）

步序	步骤名称	图　示	说　明
11	安装、焊接中周 T1、38MHz 检波线圈 T2	T1:中周　T2:38MHz检波线圈	T2 不用检测
12	安装、焊接晶体管 Q1、Q3、Q4、Q5、Q6、Q7、Q8、Q9	晶体管	晶体管到印制电路板之间的引脚保留 5mm 左右的长度，以利于用晶体管自身的引脚进行散热

（续）

步序	步骤名称	图示	说明
13	安装、焊接10只涤纶电容		共需焊装10只涤纶电容，分别是C7、C15、C29、C36、C39、C40、C45B、C60、C00、C02
14	安装、焊接30只电解电容	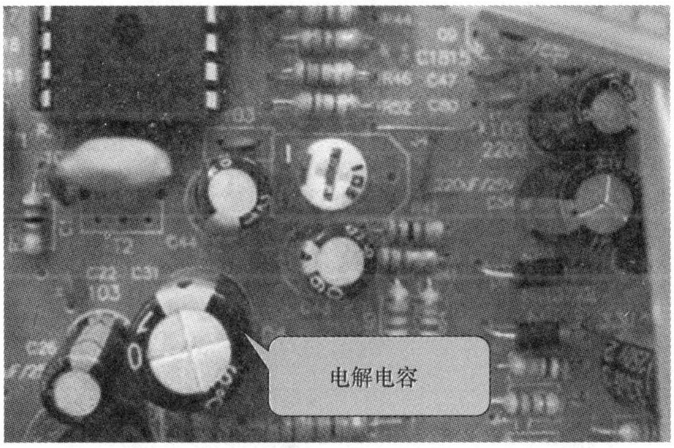 电解电容	注意 C21、C26、C54要选用耐压25V的电解电容 C34是6.8μF/50V的无极性电解电容 C56要选用耐压160V的电解电容
15	安装、焊接5只电位器		分别是CONT、BRIG、V-HOLD、2RP1、2RP2 要求将它们安装到位，否则在后面总装的时候主电路板无法装入机壳 电位器的识别和检测方法与微调电阻器相同
16	安装、焊接3个开关	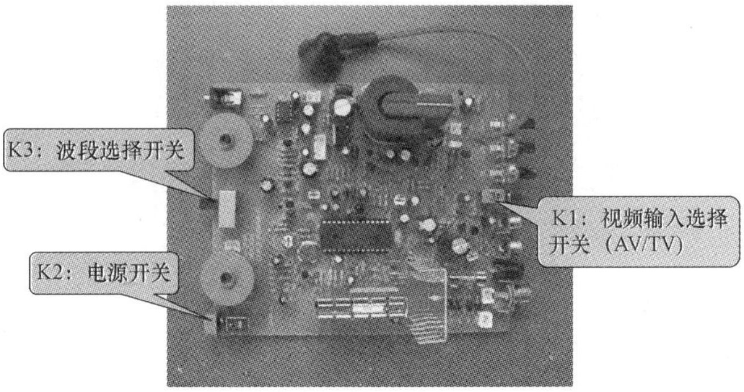 K3：波段选择开关 K1：视频输入选择开关（AV/TV） K2：电源开关	分别是K1、K2、K3

（续）

步序	步骤名称	图示	说明
17	安装、焊接插座	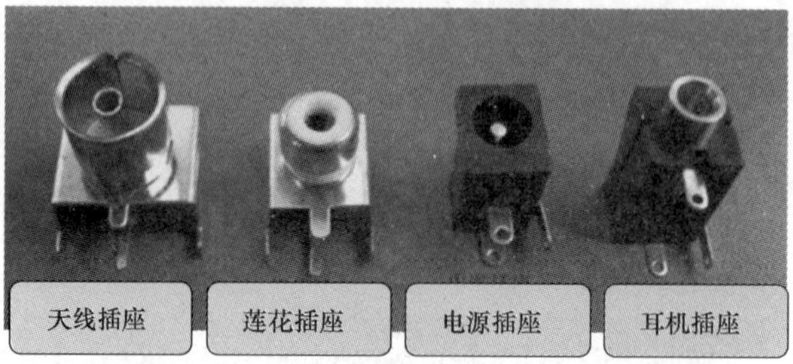天线插座 莲花插座 电源插座 耳机插座	P2:天线插座 JK1:音频输入 JK2:视频输入 JK1、JK2 都是莲花插座 JK3:外接电源插座 JK4:耳机插座
18	安装、焊接熔座	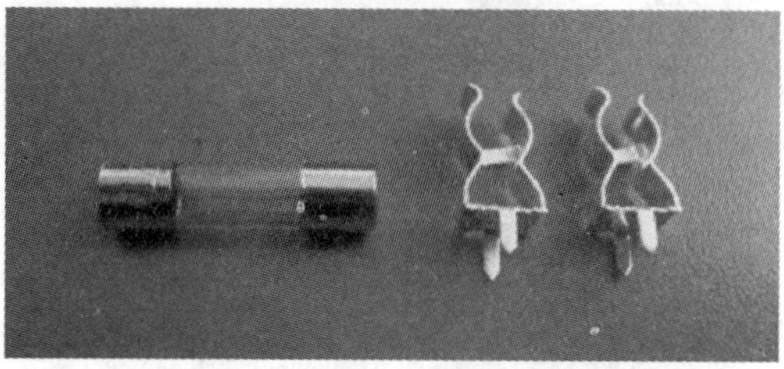	在电路图中，FUSE 为熔体 熔体的检测：将万用表置于蜂鸣档，两个表笔分别接触熔体的两个金属端，万用表的蜂鸣器会“嘀嘀”响起。如果蜂鸣器不发声，则证明其开路损坏，需要更换
19	安装、焊接高频头	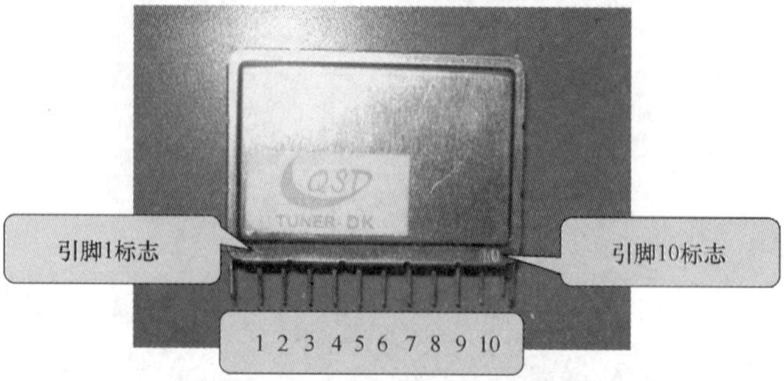QSD TUNER DK 引脚1标志 引脚10标志 1 2 3 4 5 6 7 8 9 10	在电路图中，TDQ-4 为高频头 注意高频头的引脚顺序要与电路板上的印字顺序对应 万用表和常规仪器无法检测其好坏

（续）

步序	步骤名称	图　示	说　明
20	安装、焊接高压包	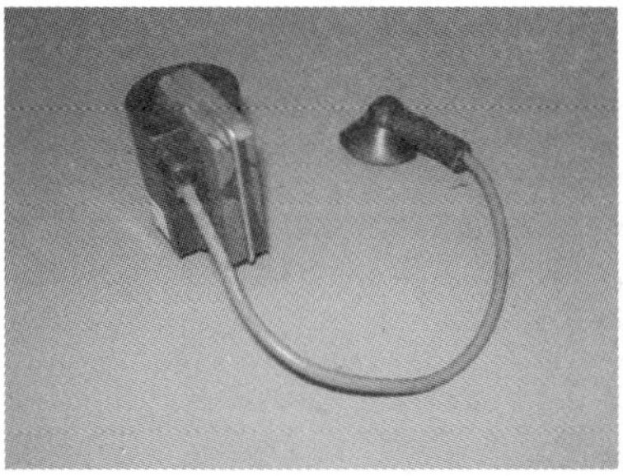 行输出变压器（高压包） 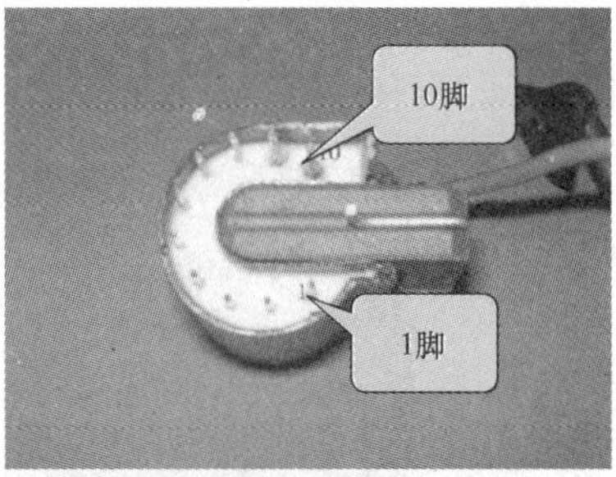 10脚 1脚 行输出变压器引脚编号 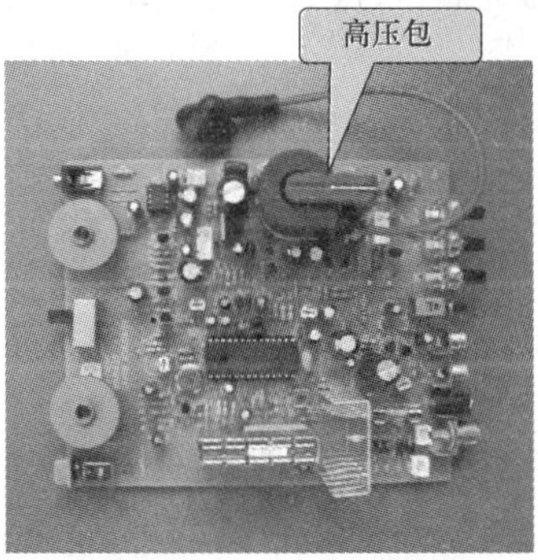 高压包	在电路图中，B2为行输出变压器(高压包) 万用表和常规仪器无法检测其好坏
21	安装、焊接晶体管Q2(需安装散热片)、Q10	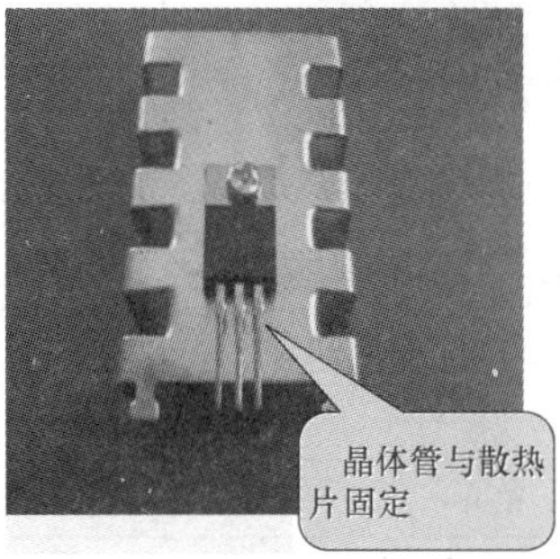 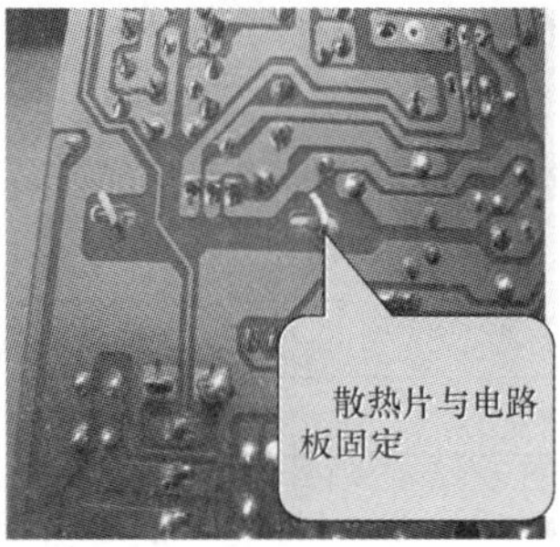 晶体管与散热片固定 散热片与电路板固定	要先将Q2安装到散热器，再连同散热器一起将Q2装入电路板上 散热器的3个固定脚在电路板的背面用钳子拧出一定的角度，起到固定散热器的作用。Q10不用安装散热片
22	将集成电路插入IC插座 将熔体装入熔座中	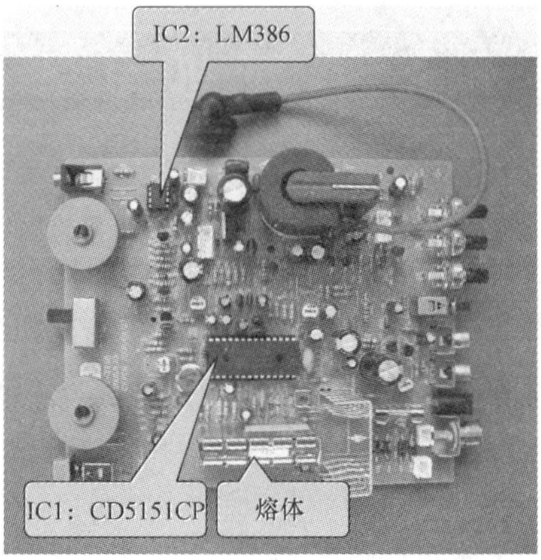 IC2：LM386 IC1：CD5151CP 熔体	熔体：250V/1.5A

（续）

步序	步骤名称	图示	说明
23	安装、焊接尾板		显像管管座插在显像管的针脚上，注意“缺口”与显像管针脚的“缺口”对应 将显像管管座安装在尾板上，焊接7个引脚即可，要求焊点要光滑，无毛刺，否则容易引起高压打火，损坏显像管和视放晶体管

任务评价

任务评价见表3-5。

表3-5　任务评价表

评价项目	评价标准
电视技术基础知识	1. 能叙述电视信号的调制方式 2. 能说出电视信号的扫描方式 3. 能说出黑白电视机电路主要元器件的名称、作用
元器件识别与检测	能正确识别和检测元器件，无错焊元器件
元器件装、焊	焊点质量好，达到国标要求
焊接工艺	元器件装置美观、整齐

任务二　整机组装

任务描述

电路板焊接完成后，还要通过整机组装将电路板与电视机的各种配件连接在一起，成为一台完整的电视机。本任务分为两部分，第一部分是焊接机内连线，第二部分是整机组装。

任务分析

本任务首先要学习显像管、偏转线圈的结构、作用，了解电视机外壳的结构，电路板与其他各部件之间的连接关系，然后按照操作步骤逐级完成。

任务目标

1. 熟悉显像管的内部结构。
2. 熟悉偏转系统的构成。
3. 能正确组装黑白电视机。

知识铺垫

一、显像管结构示意图

显像管的外形及内部结构如图 3-19 所示。

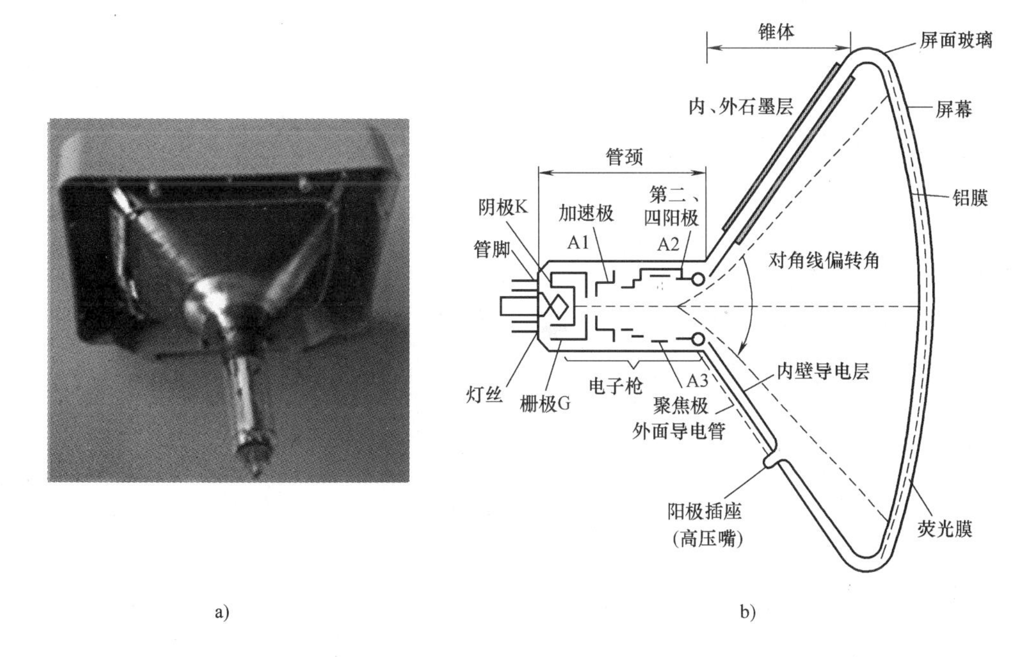

图 3-19 显像管的外形及内部结构图
a）外形 b）内部结构

（1）显像管 显像管是一种电真空器件，它由电子枪、玻璃外壳和荧光屏三部分组成。电子枪的作用是发射电子并使它们聚成电子束，打在荧光屏上。

（2）电子枪 电子枪由灯丝、阴极、栅极（控制极）、第一阳极（加速极）、第二阳极（高压极）和第三阳极（聚焦极）组成。

（3）阴极 阴极是一个小金属有发射自由电子的氧化物，筒内装有加热灯丝。当灯丝通电后，烤热阴极表面氧化物层，使之发射电子。

二、显像管的识别检测

显像管引脚顺序如图 3-20 所示。

（1）引脚顺序识别　显像管尾部正对自己，即引脚正对自己，沿着缺口顺时针方向的第一个引脚为 1 号引脚，引脚号按顺时针方向递增。

（2）引脚功能定义　1、5 脚为栅极，2 脚为阴极，3、4 脚为灯丝，6 脚为加速极，7 脚为聚焦极。

（3）灯丝的检测　3 脚与 4 脚连接显像管内部的灯丝，用万用表 200Ω 档测试 3 脚与 4 脚间的电阻值应为 40~50Ω。如果阻值为无穷大，则证明灯丝开路，显像管无法使用了。

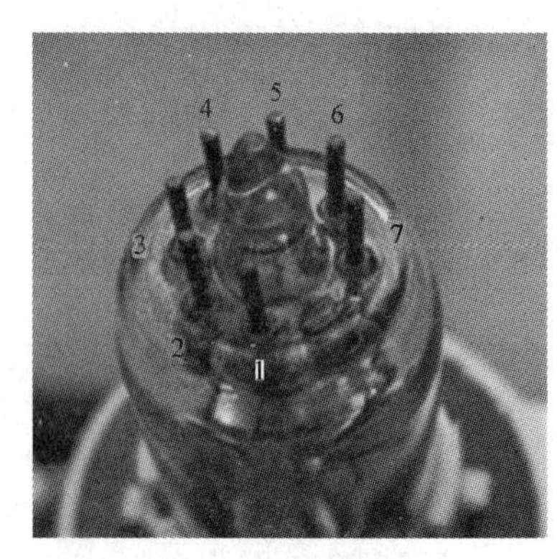

图 3-20　显像管引脚顺序

三、偏转线圈

偏转线圈由行偏转线圈、场偏转线圈、磁环和中心调节环组成，如图 3-21 所示。它的外形如图 3-22 所示。

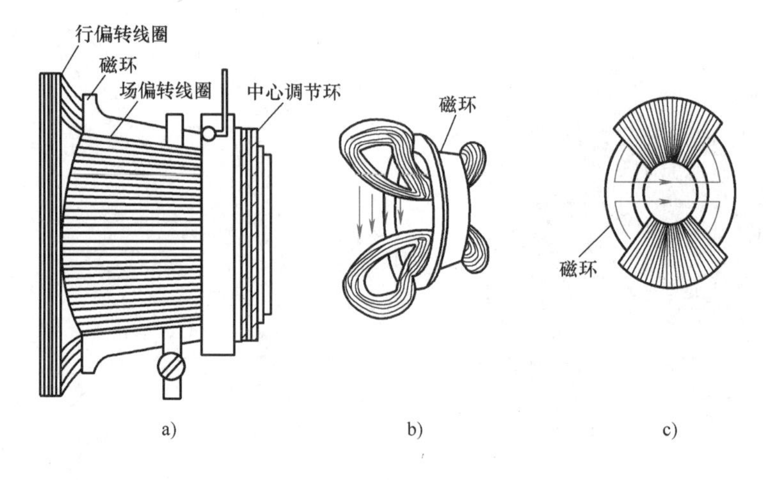

图 3-21　偏转线圈的结构

a）偏转系统　b）行偏转线圈　c）场偏转线圈

a)　　b)

图 3-22　偏转线圈外形图

a）正面　b）反面

行、场偏转线圈的工作原理是电磁偏转，优点是易实现大角度，不易散焦。行偏转线圈产生垂直方向的磁场，使电子束左右移动；场偏转线圈产生水平方向的磁场，使电子束上下移动。行、场扫描同时存在，形成矩形光栅。

任务实施

一、实操准备

1）焊接工具

2）电视机套件

二、组装步骤

组装步骤见表 3-6。

表 3-6　组装步骤

步序	步骤名称	图示	说明
1	为偏转线圈焊接连接线	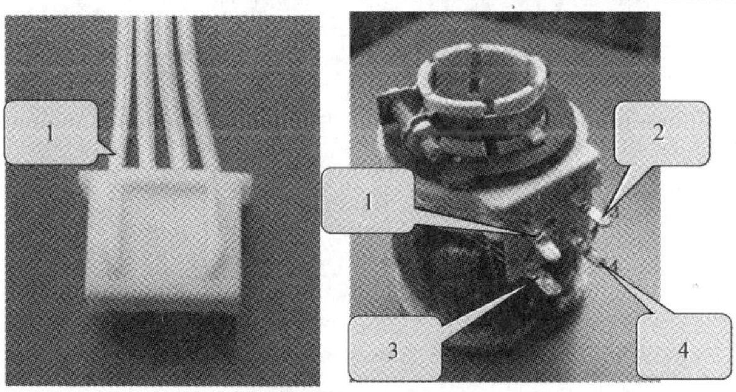 1 1 2 3 4 排线的定义与焊接	取一根四芯排线,1 号线的定义如左图所示,之后依次是2、3、4 号线。“对号入座”将 4 根线焊接到偏转线圈上
2	为尾板焊接连接线	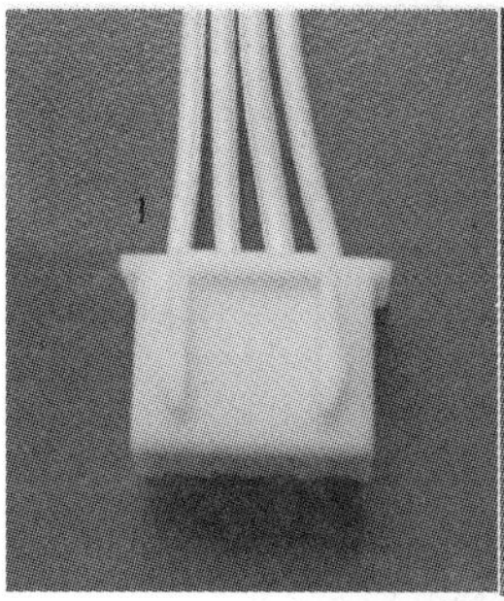 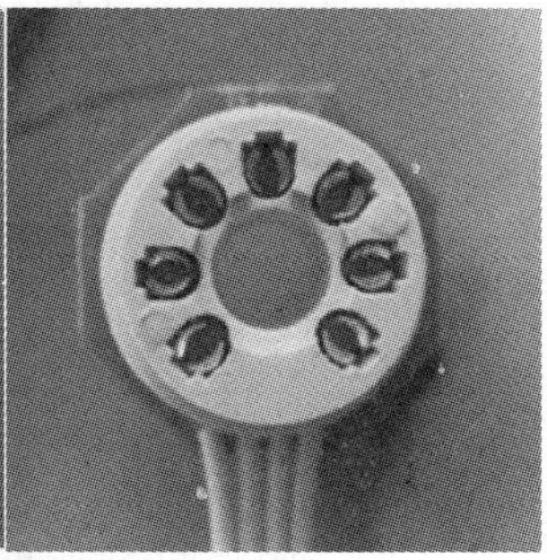 1	取一根四芯排线,线序定义与步骤 1 相同。1 号线插入 6 孔,2 号线插入 2 孔,3 号线插入 3 孔,4 号线插入 G 孔,插好后焊接。取一根蓝色的导线,一头插入到没有标志的焊孔中并焊接,另一头暂时悬空
3	为扬声器焊接连接线		扬声器在电路图中的元器件编号为 SPEAKER 取一根两芯排线,不用区分线序,焊接到扬声器的焊片上

（续）

步序	步骤名称	图　示	说　明
4	焊接电源线	电源线插入孔 热缩管	将带电源插头的黑色电源线穿入电视机后盖，为两根电源线套上热缩管，将两根电源线分别与变压器的两根红色线焊接，推动热缩管使焊接处处于热缩管的中间位置，用烙铁头的上部在热缩管上移动加热，直至热缩管紧缩在电线上，从而起到绝缘保护作用
5	安装偏转线圈		拧松偏转线圈上的紧固螺钉，将偏转线圈推装到显像管锥体上，直到推不动为止。注意使偏转线圈上的4个焊片朝向显像管的高压嘴，这时偏转线圈的安装方向是正确的
6	安装显像管尾板		将尾板上管座的“开口”与显像管的引脚“开口”对应，将尾板、管座轻推到显像管上。注意用力不要过猛，以免管脚折断和玻璃崩裂 将尾板上蓝色导线的悬空端焊接到显像管固定环上的焊片上

（续）

步序	步骤名称	图　　示	说　　明
7	安装旋钮		将两个灰色的圆形旋钮分别套装在 2RP1、2RP2 上，注意旋钮有凹槽的一面向下
8	安装主电路板	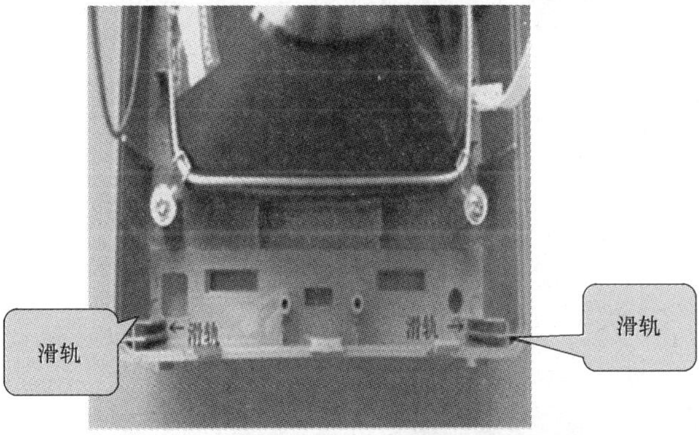 	机壳下方的左右两侧各有一条滑轨，主电路板有灰色旋钮的那一边朝前，将电路板推入滑轨
9	安装高压帽	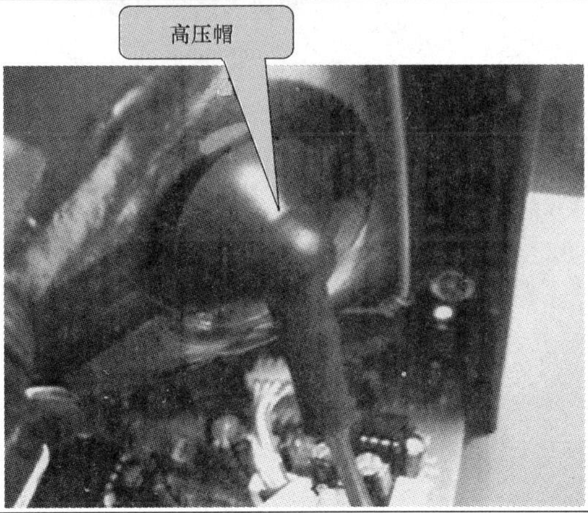	将高压帽的黑色帽体翻起，露出弹簧卡子，先将弹簧卡子的一边卡入显像管的高压嘴，用一字螺钉旋具下压弹簧卡子的另一边，使其也进入高压嘴，至此弹簧卡子的两边均卡入高压嘴，将黑色帽体扣在显像管上即可

（续）

步序	步骤名称	图示	说明
10	暂停组装，进行整机的检测、调试。通过检测、调试使电视机获得最好的影音效果。调试合格后继续下面的组装工作		
11	安装拉杆天线	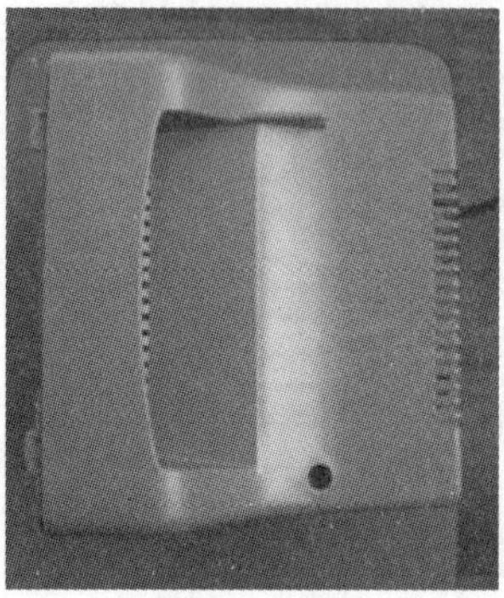 	将拉杆天线从后盖上方的圆孔插入，用3×16的自攻螺钉将其紧固在后盖上，注意要将一个焊片套在自攻螺钉上与拉杆天线一起紧固，如图所示。将一个带两芯插头的红色导线焊在焊片上
12	安装扬声器		将扬声器推入滑轨中
13	安装后盖	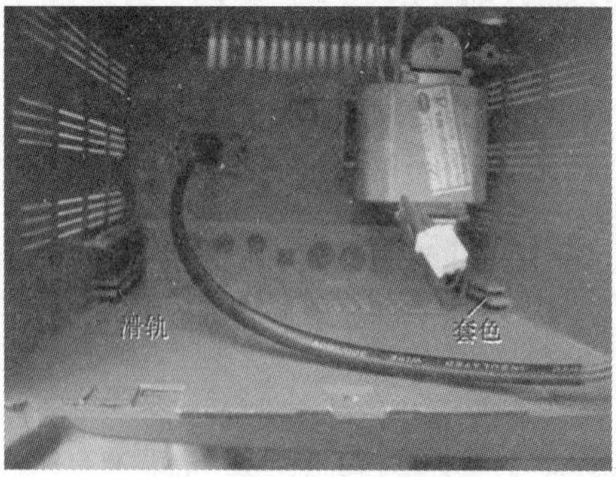	将后盖上的红色导线插在P2插座上，蓝色导线插入P1插座中。将后盖向前推（显像管方向），注意要让主电路板进入后盖下方左右两侧的滑轨，参看左图。当后盖与机壳完全吻合后，在后盖上方中心位置的固定孔中旋入3×16的自攻螺钉进行紧固；在后盖下方中心位置的固定孔中旋入3×6的自攻螺钉进行紧固

任务评价

任务评价见表3-7。

表 3-7 任务评价表

评价项目	评价标准
基础知识	1. 能说出显像管的结构
	2. 能识别显像管的引脚号
	3. 能分辨出行偏置线圈和场偏转线圈
焊接机内连线	能够正确焊接机内连线，焊点牢固、美观
整机组装	能够按步骤完成电视整机组装

任务三 整机统调

任务描述

黑白电视机组装完成前，要进行整机统调。本任务按照整机统调的步骤逐级进行调试，在黑白电视机上显示稳定的图像。调试合格后完成组装工作。

任务分析

统调的目的一方面是检验电路是否能工作，另一方面是通过统调使电视机工作于最佳状态，以达到电视机的技术指标。本任务首先要学习电视机的电路构成，然后按照步骤完成电视机的统调。

任务目标

1. 了解电视机的组成结构。
2. 掌握超外差式黑白电视机的组成框图及各部分电路作用。
3. 掌握超外差式黑白电视机各部分电路输入、输出信号的特点。
4. 按照步骤正确进行统调。

知识铺垫

一、超外差式黑白电视机的组成结构

（1）外部 电视机外部结构如图 3-23 所示，由外壳、调谐旋钮、音量调节旋钮、V 段/U 段转换开关、电源开关和荧光屏等组成。

（2）内部 电视机内部结构如图 3-24 所示，由主电路板、高频调谐器、高压包、小线路板、显像管尾板、偏转线圈和电源变压器等组成。

二、电路组成框图

超外差式黑白电视机组成框图如图 3-25 所示，简化的电视机组成框图如图 3-26 所示。

a)

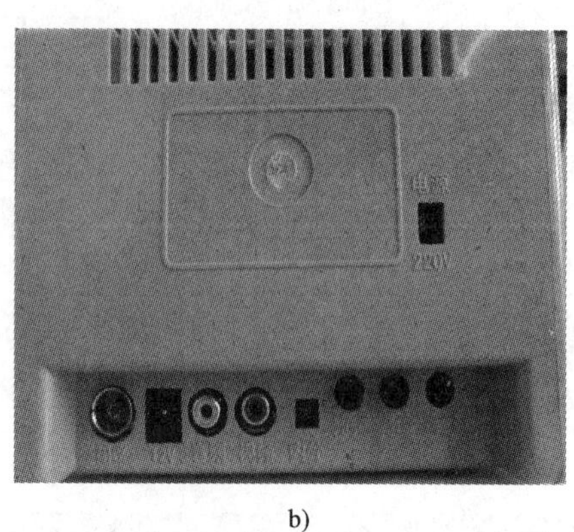

b)

图 3-23　电视机的外部结构

a）正面　b）背面

图 3-24　电视机内部结构

三、各部分电路的作用及内部电路

电视机由高频调谐器、中频放大通道、视频放大通道、伴音通道、幅度分离、行扫描电路、场扫描电路和电源电路八部分组成。

1. 高频调谐器（简称高频头）

作用：将高频电视信号放大，输出中频信号送给预中放电路。

内部电路：由输入电路、高频放大电路（高放）、本振电路与混频电路四部分组成，如图 3-27 所示。

（1）输入电路的作用　抑制中频电视信号的干扰，同高频放大电路一起共同完成初步选台的任务。

（2）高频放大电路的作用　对高频电视信号进行初步选台与放大。

（3）本振电路的作用　产生比要接收的高频电视信号的图像载频高 38MHz 的等幅正弦波。

（4）混频电路的作用　将高频放大电路送来的高频电视信号与本振电路送来的本振信号进行混频，并选出其差频信号，即中频电视信号。

我国电视标准规定：图像中频载频 $f_p = 38\text{MHz}$、伴音中频载频 $f_s = 31.5\text{MHz}$。

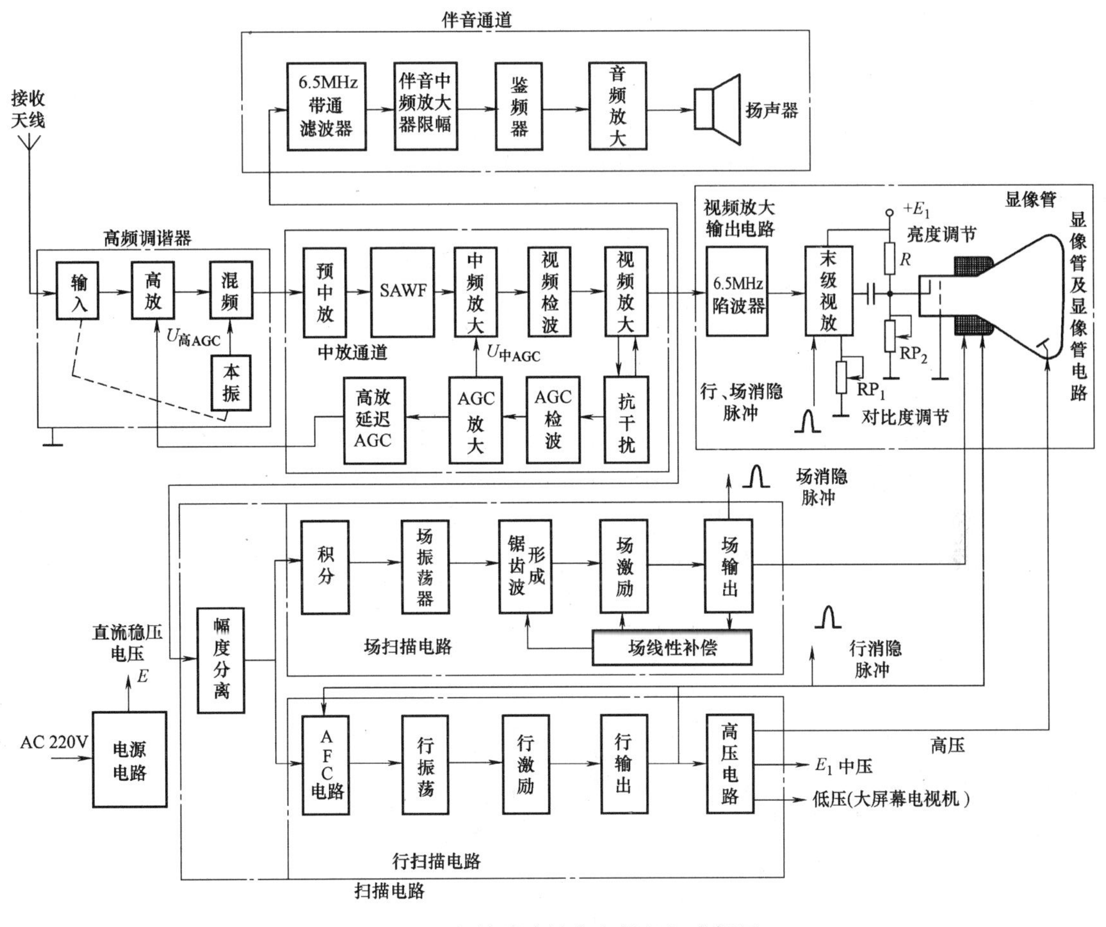

图 3-25 超外差式黑白电视机组成框图

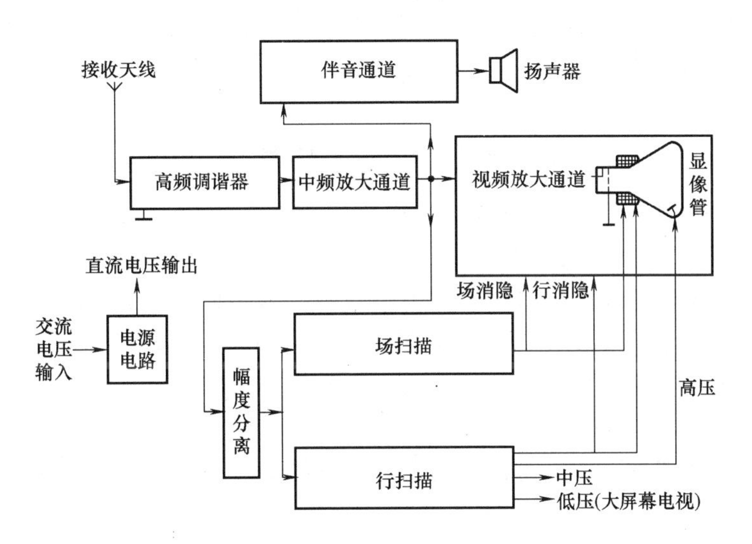

图 3-26 简化的电视机组成框图

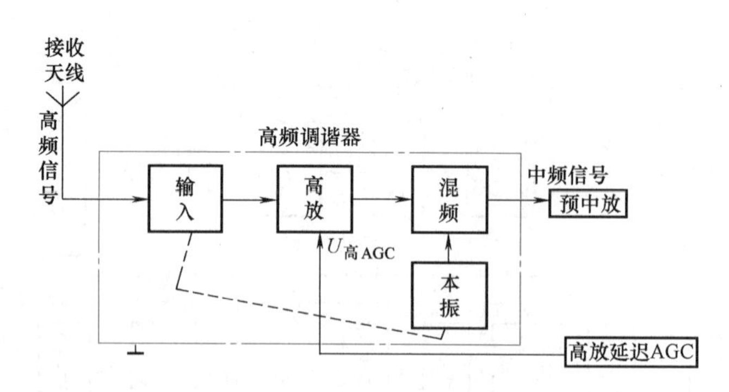

图 3-27　高频调谐器内部电路

2. 中频放大通道（中放通道）

作用：对高频头送来的中频电视信号进行有选择地放大、对中频电视信号进行视频检波，产生全电视信号和第二伴音中频信号，并对中频放大电路和高频放大电路进行自动增益控制。

内部电路：由中频放大电路、视频检波电路、抗干扰电路、AGC 电路和视频放大（视放）电路组成，如图 3-28 所示。

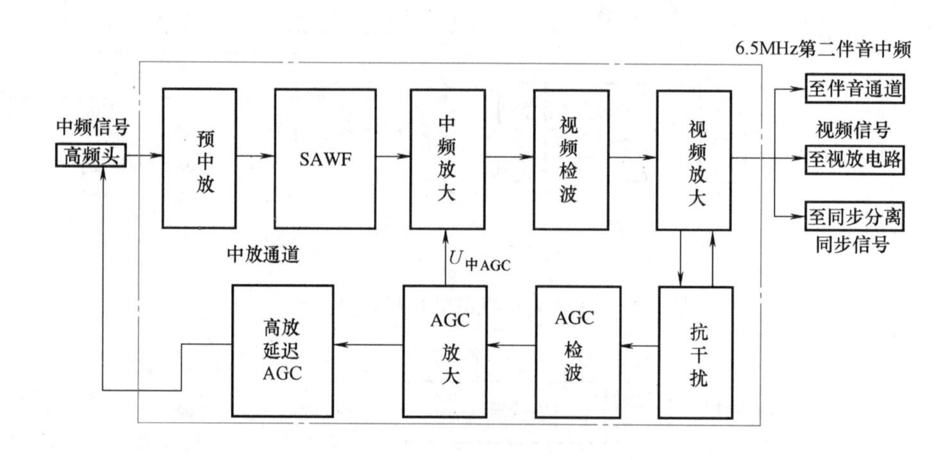

图 3-28　中频放大通道内部电路

我国电视标准规定：第二伴音中频信号频率 6.5MHz，自动增益控制的控制范围为 60dB 以上，中频放大通道的总增益为 70dB。

（1）中频放大电路的作用　对中频电视信号进行有选择地放大，对伴音中频信号进行 5%的放大，以防止伴音干扰图像；对邻近频道进行抑制；对图像中频信号中双边带传送的全电视信号的低频成分进行 50%的限幅放大，以使检波后的全电视信号的高、中低频成分比例不变。

（2）视频检波电路的作用　对调幅的全电视信号进行检波，得到全电视信号和第二伴音中频信号。

（3）抗干扰电路的作用　消除或减少全电视信号中的大幅度干扰脉冲。

（4）AGC 电路的作用　在接收的高频电视信号较强时，使中频放大电路或高频放大电路的增益下降，避免电视信号因过大使放大管截止或饱和产生的切顶现象。电视信号产生切顶，会切除同步信号，造成图像不同步。

AGC 电路通常由 AGC 检波、AGC 放大和高放延迟 AGC 三部分组成。

3. 伴音通道

作用：从已调制的第二伴音中频信号中检出伴音信号并放大，还原出声音。

内部电路：由 6.5MHz 带通滤波器、鉴频器、伴音中频限幅放大器和音频放大电路及扬声器组成，如图 3-29 所示。

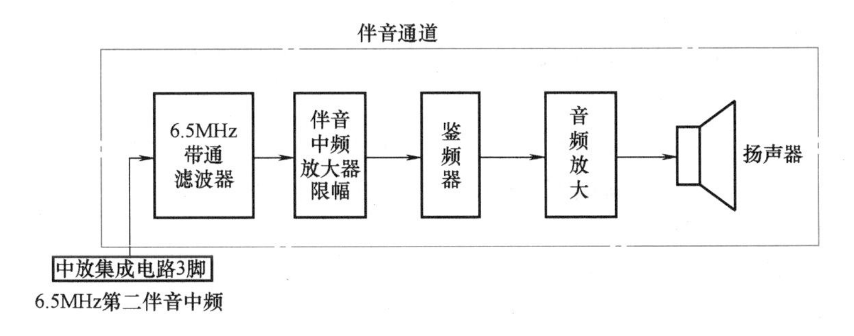

图 3-29　伴音通道内部电路

（1）6.5MHz 带通滤波器的作用　将视频放大电路送来的信号中第二伴音中频信号取出来。

（2）伴音中频限幅放大器的作用　对第二伴音中频信号进行放大和限幅，切除幅度干扰。

（3）鉴频器的作用　将放大的第二伴音中频信号进行解调，得到音频信号。

（4）音频放大电路的作用　将音频信号进行电压和功率放大，推动扬声器发出声音。

4. 视频放大通道

作用：对全电视信号进行电压放大，为显像管阴极提供视频图像信号。

内部电路：由 6.5MHz 陷波器和末级视频放大电路（末级视放）组成，如图 3-30 所示。

本级还设有显像管电路，包括显像管、显像管供电、对比度调节、亮度调节和消亮点电路。

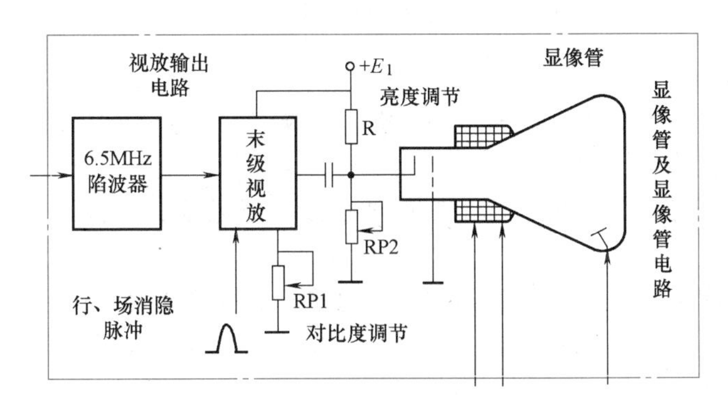

图 3-30　视频放大通道内部电路

（1）6.5MHz 陷波器的作用　将中频放大通道中视频放大器送来的全电视信号中的第二

伴音中频信号滤除，以防止伴音干扰图像。

（2）末级视频放大电路的作用　对全电视信号进行电压放大，放大后的信号加至显像管阴极。本级还设有对比度调节，其实质是改变末级视频放大路的增益。此外还进行回扫线的消隐。

（3）显像管供电电路的作用　给显像管提供灯丝电压及各阳极电压。

（4）对比度调节电路的作用　通过调节电位器 RP1 大小，改变电压增益，调节对比度。

（5）亮度调节电路的作用　通过电位器 RP2 改变显像管阴栅电位差，从而调整显像管亮度。

（6）消亮点电路的作用　消除关机后显示屏中间出现的亮点，以保护荧光屏。

5. 幅度分离电路

作用：从全电视信号中分离出行、场复合同步信号，分别传送给行、场扫描电路。

内部电路：包括行、场扫描电路，如图 3-31 所示。

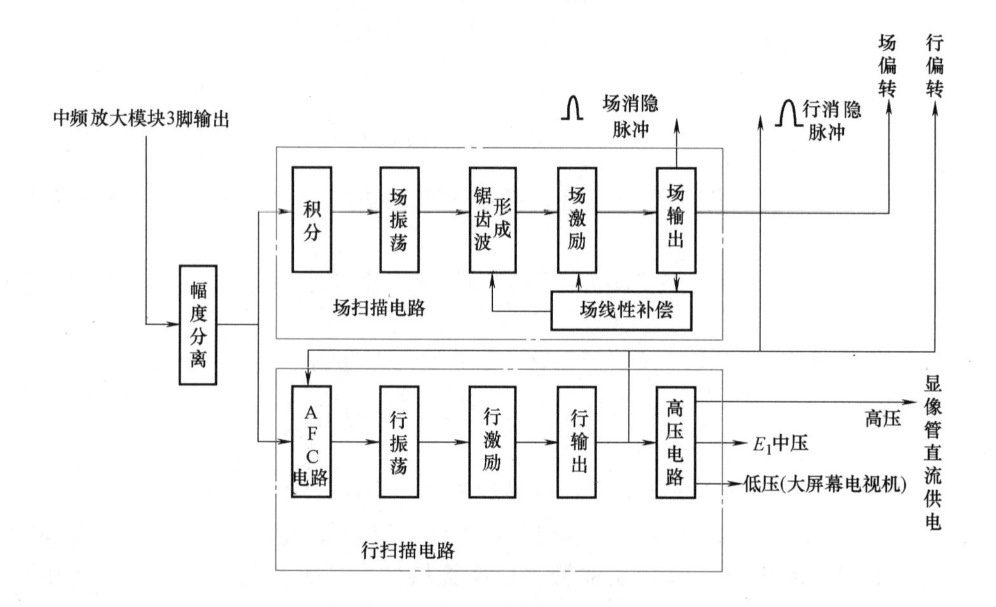

图 3-31　幅度分离及行、场扫描电路构成

6. 场扫描电路

作用：给场偏转线圈提供线性好、幅度够、与发送端同步的锯齿波场扫描电流，同时给末级视频放大电路提供场消隐脉冲。

内部电路：由积分电路、场振荡、锯齿波形成、场激励、场输出和场线性补偿电路组成，如图 3-32 所示。

（1）积分电路的作用　从复合同步信号中分离出场同步信号，用来控制场振荡器。

（2）场振荡器与锯齿波形成电路的作用　产生场频锯齿波电压，并受场同步信号控制，使锯齿波电压与发送端同步。

（3）场激励电路的作用　将场频锯齿波电压进行放大，改善波形。同时，还有隔离作用，可减小场输出对场振荡的影响。

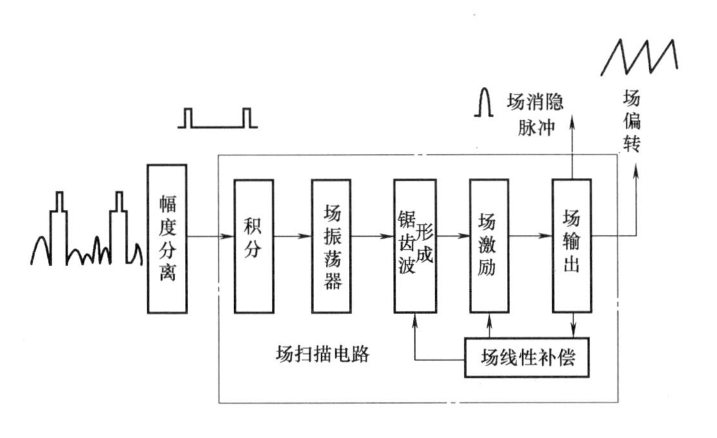

图 3-32　场扫描电路

（4）场输出电路的作用　对场频锯波电压进行功率放大，以给场偏转线圈提供足够功率的场扫描电流。同时，给末级视频放大电路提供场消隐脉冲。

（5）场线性补偿电路的作用　采用负反馈和积分预失真补偿方式，以改善场频锯齿波电压的线性。

7. 行扫描电路

作用：给行偏转线圈提供线性好、幅度够、与放送端同步的锯齿波行扫描电流，还给末级视频放大电路提供行消隐脉冲，并由其中的高压电路给显像管和其他电路提供高、中直流电压及低压（对于大屏幕电视机）。

内部电路：自动频率控制（AFC）电路、行振荡、行激励、行输出和高压电路组成，如图 3-33 所示。

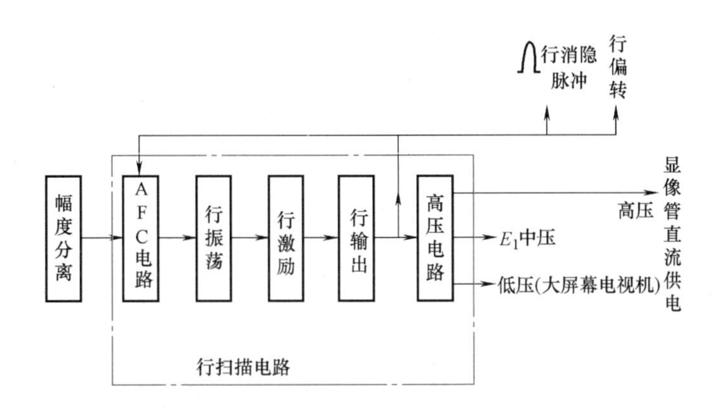

图 3-33　行扫描电路

（1）自动频率控制（AFC）电路的作用　将送来的行逆程脉冲与行同步信号进行相位与频率的比较，产生 AFC 电压加至行振荡器，以校正行振荡，使其与发送端同步。

（2）行振荡电路的作用　产生行频矩形脉冲信号，在 AFC 电压控制下，使矩形脉冲信号与发送端同步。

（3）行激励电路的作用　将行振荡电路送来的矩形脉冲信号进行放大，并改善波形。

同时，还有隔离作用，可减小行输出级对行振荡电路的影响。

(4) 行输出电路的作用　它在行频矩形脉冲的作用下，给行偏转线圈提供功率足够的行扫描电流，给末级视频放大电路提供行消隐脉冲，给 AFC 电路提供脉冲比较信号。此外，还给高压电路提供行逆程脉冲。

(5) 高压电路的作用　将行输出电路送来的行逆程脉冲进行变压、整流、滤波，得到各种高、中、低直流电压，供给显像管、末级视频放大等电路。

8. 电源电路

电源电路为各部分电路提供直流电压。

五、各部分电路输入、输出信号特点说明

各部分电路输入、输出信号特点见表 3-8。

表 3-8　各部分电路输入、输出信号特点

序号	电路名称	输入信号	输出信号
1	高频调谐器 (高频头)	高频全频道频率	38MHz 图像中频载频 31.5MHz 伴音中频载频
2	中频放大通道	38MHz 图像中频载频 31.5MHz 伴音中频载频	全电视信号 6.5MHz 第二伴音中频
3	伴音通道	6.5MHz 第二伴音中频	音频信号
4	视频放大通道	全电视信号	黑白图像信号
5	幅度分离	全电视信号	行、场同步信号
6	场扫描	场同步信号	锯齿波及场消隐信号
7	行扫描	行同步信号	锯齿波、行消隐、高压、中压、低压
8	电源电路	220V 交流电压	12V 直流电压

任务实施

一、实操准备

1) 主电路板。为了统调时测试方便，主电路板如图 3-34 所示放置。

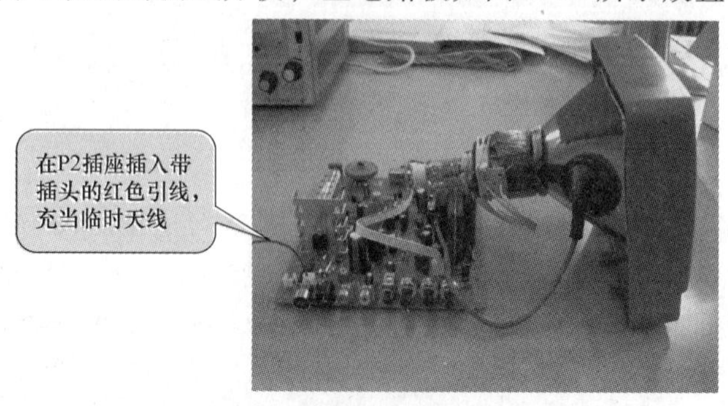

图 3-34　统调时电视机的摆放位置

2）稳压电源、指针万用表与数字万用表各一块。

3）小一字螺钉旋具与无感螺钉旋具各一把。

4）夹子线一根、电视信号发生器一台。

二、统调步骤

统调步骤见表 3-9。

表 3-9　统调步骤

步序	步骤名称	图　示	说　明
1	检测整机对地电阻	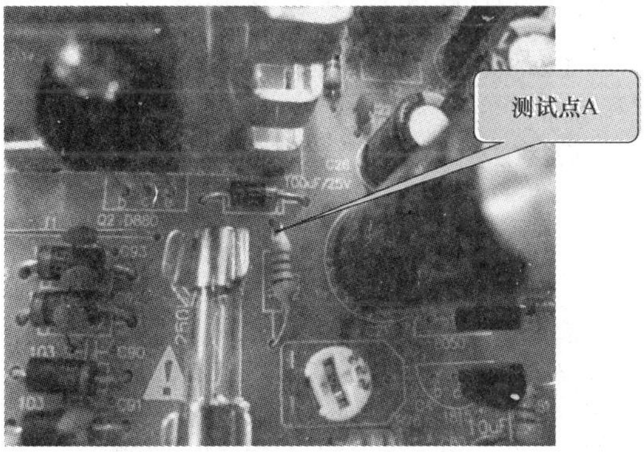	在电视机断电的状态下，将指针万用表档位置于 R×1 档，红表笔接测试点 A，黑表笔接高频头外壳（接地端），此时的电阻值应为 22Ω 左右。红、黑表笔对调，此时的电阻值为 140Ω 左右 A 点在电路图中实际上是稳压电源的正输出端。如果两次测试的电阻值都偏离上述值过大，则证明电路有短路的故障，此时不可通电试机，排除故障后才能继续后面的统调工作
2	检测、调整稳压电源的输出电压	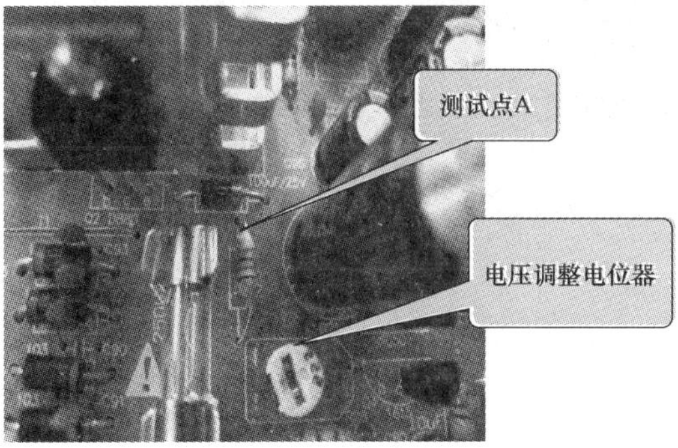	将稳压电源输出电压调整为 14V，将外接电源夹子线接在稳压电源输出端，注意正、负极不要接错 万用表置于 20V 档位，红表笔接测试点 A，黑表笔通过夹子线接天线插座外壳，用小一字螺钉旋具调整电位器，边调整电位器边监测电压，使输出电压为 10V。测试点为 A 点

（续）

步序	步骤名称	图　示	说　明
3	AGC 电压调整	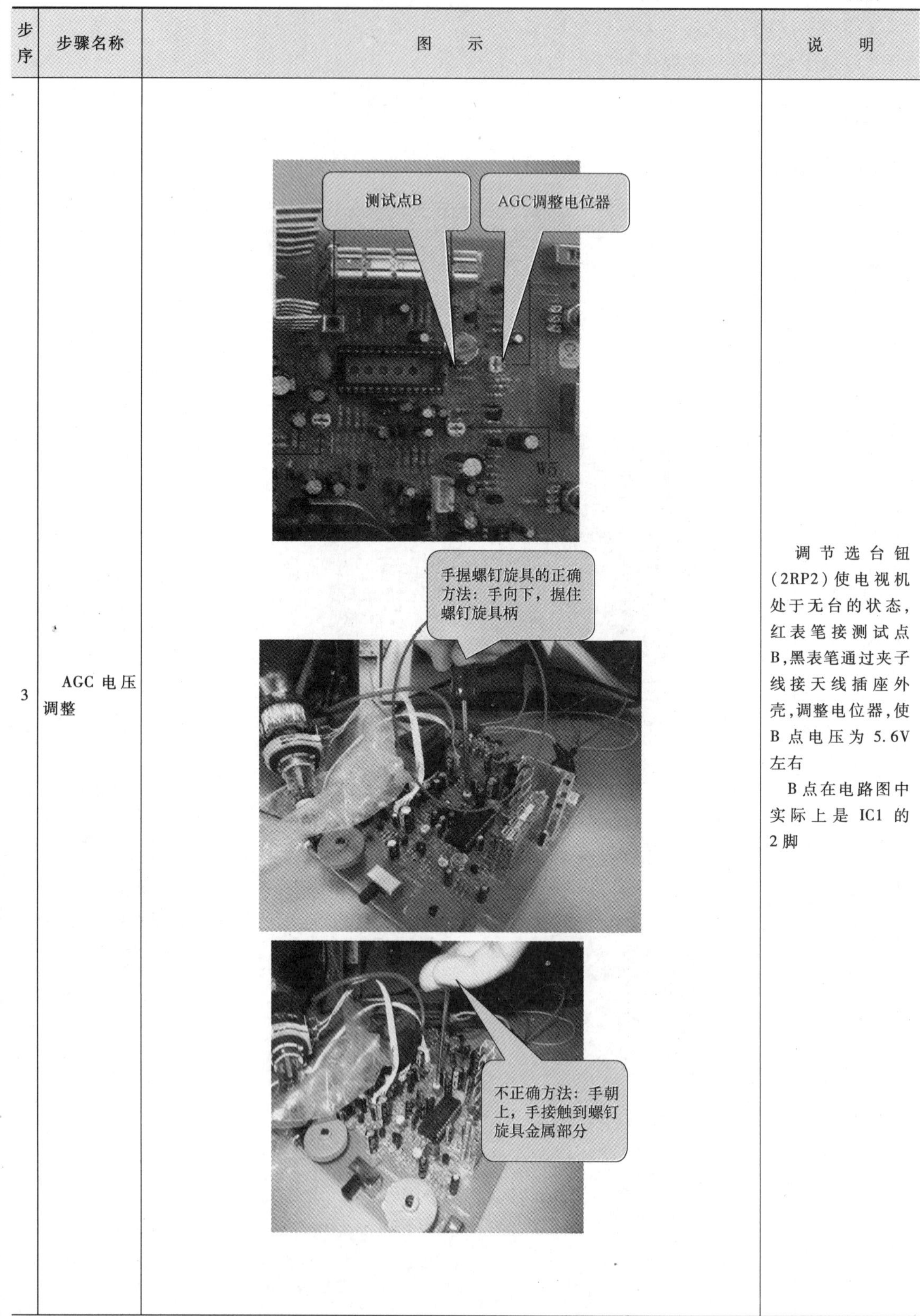	调节选台钮（2RP2）使电视机处于无台的状态，红表笔接测试点B，黑表笔通过夹子线接天线插座外壳，调整电位器，使B点电压为5.6V左右 B点在电路图中实际上是IC1的2脚

（续）

步序	步骤名称	图　示	说　明
4	伴音中频调整	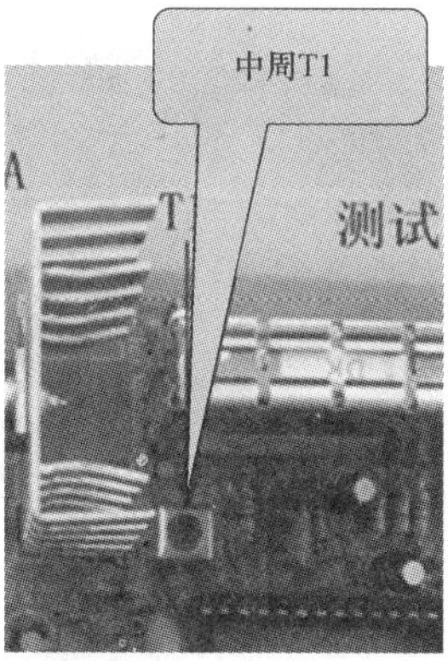	调节选台钮（2RP2）使电视机收到一个电视节目，此时用无感螺钉旋具旋转伴音检波中周 T1 的磁心，使扬声器播放出的电视伴音清晰洪亮、无杂声即可
5	图像中心调整	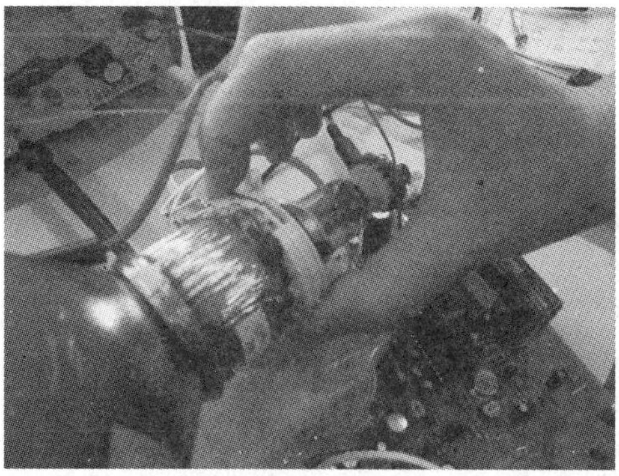	电视信号发生器发射十字线信号 调节选台钮（2RP2）使电视机收到十字线测试信号。轻轻旋转偏转线圈，使十字线横平竖直。旋转偏转线圈后部的两个黑色磁环，使十字线在水平方向与垂直方向都居中
6	行频调整		电视信号发生器发射彩条信号 调节选台钮（2RP2）使电视机收到彩条测试信号，此测试信号在电视上显示为从白到灰到黑逐渐过渡的 8 条垂直条。用一字螺钉旋具调整行频微调电阻 W7，使最左侧的白条和最右侧的黑条在屏幕上的宽度相同

（续）

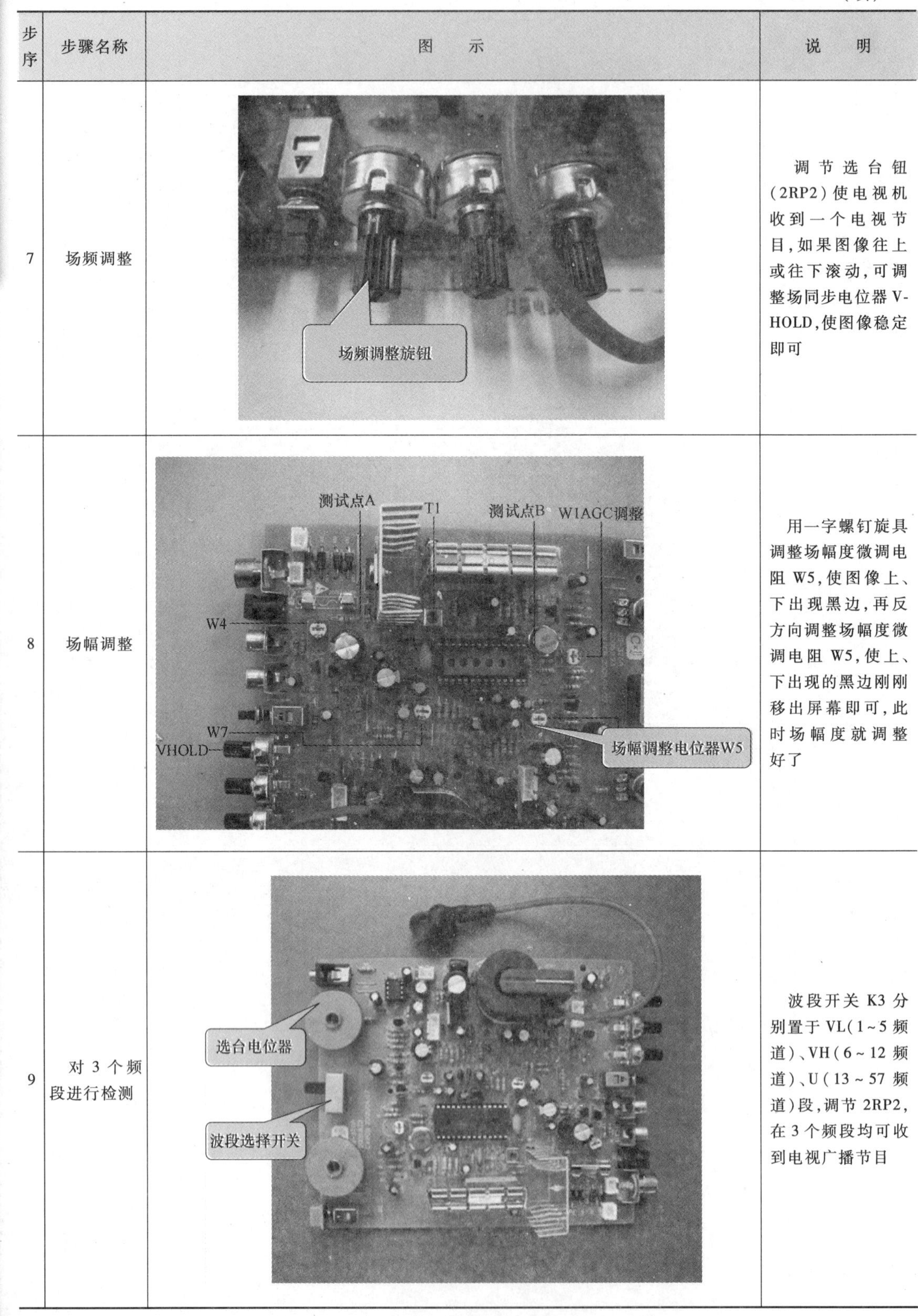

步序	步骤名称	图示	说明
7	场频调整		调节选台钮（2RP2）使电视机收到一个电视节目，如果图像往上或往下滚动，可调整场同步电位器 V-HOLD，使图像稳定即可
8	场幅调整		用一字螺钉旋具调整场幅度微调电阻 W5，使图像上、下出现黑边，再反方向调整场幅度微调电阻 W5，使上、下出现的黑边刚刚移出屏幕即可，此时场幅度就调整好了
9	对 3 个频段进行检测		波段开关 K3 分别置于 VL（1～5 频道）、VH（6～12 频道）、U（13～57 频道）段，调节 2RP2，在 3 个频段均可收到电视广播节目

任务评价

任务评价见表 3-10。

表 3-10　任务评价表

评价项目	评价标准
电视机的组成框图	能默写电视机的组成框图
电视机各组成部分的作用	能说出各部分电路的输入、输出信号的名称、特点
统调	1. 能够按操作步骤完成电视机统调 2. 黑白电视机的声音及图像达到标准

任务四　检测黑白电视机

任务描述

黑白电视机通过统调已经能正常工作了，本任务要使用万用表测量集成电路及各晶体管的电压，并使用示波器测量全电视信号，行、场扫描信号等主要电路的输出电压波形。这一任务的完成将使学生更加深刻地理解电路的工作原理。

任务分析

完成黑白电视机的检测，首先要了解整机电路的构成及作用，熟悉每一个测试点的位置，依据电路原理图和电路板图，使用万用表、示波器进行检测。

任务目标

1. 掌握电视机各部分电路的工作原理。
2. 掌握电压测量的方法。
3. 熟悉各点电压波形。

知识铺垫

一、5.5in 黑白电视机各部分的工作原理

1. 电源电路（见图 3-35）

电源变压器将 220V 交流电降压为 12V，经 D21～D24 桥式整流，C21 滤波后脉动直流电。

Q2 为调整管，Q3 为推动管，Q4 为取样放大管；Z1 为稳压管，其稳压值作为准电压源，R23、R28 和 W4 组成取样回路，调整 W4 的阻值可以改变稳压电源的输出电压，调整范围在 9～12V 之间可调，本机的额定输出电压为 10V。

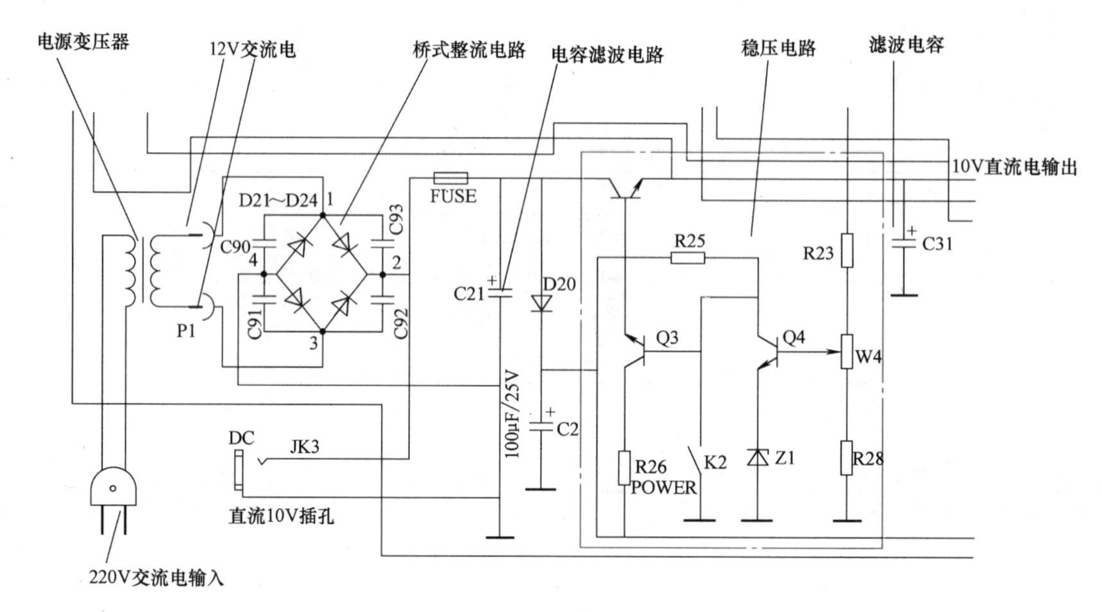

图 3-35　电源电路构成

2. 高频调谐器及附属电路

接收无线电视信号时，天线接收的高频信号经 P2 插座送入高频头 1 脚。

高频头 4 脚是调谐电压输入端，调谐电路由 2RP2、R27、C7、Z2 等元器件组成。行输出变压器 7 脚经 D14 整流和 C56 滤波后输出 120V 电压，经稳压二极管 Z2、电阻 R8 得到 33V 电压。2RP2 组成的调谐电路将 33V 分压后送至高频头 4 脚。4 脚电压在 0~30V 之间变化。

电源电压提供的 10V 电压，作为高频头的工作电压和波段选择电压分别送至高频头 8 脚和波段开关。

为了实现全频道接收，高频头将电视广播频道分为三段，即 VL（1~5 频道）、VH（6~12 频道）、U（13~57 频道）三段，通过开关 K1 切换三个频段。

3. 公共通道

（1）中频放大通道频率特性曲线　中频放大通道频率特性曲线如图 3-36 所示。

曲线说明：

1）增益：中频放大级增益一般为 60~68dB（中频放大通道频率高，频带宽，增益不能太大，一般有 3~4 级，每级为 20~30dB）。

2）幅度特性：图像中频信号（38MHz）位于曲线斜边的中点。（因为电视信号的发射采用残留边带方式，0.75MHz 的信号用双边带发送，0.75~6MHz 用上边带发送，故双边带比上边带的信号功率高一倍，会造成图像的黑白对比度

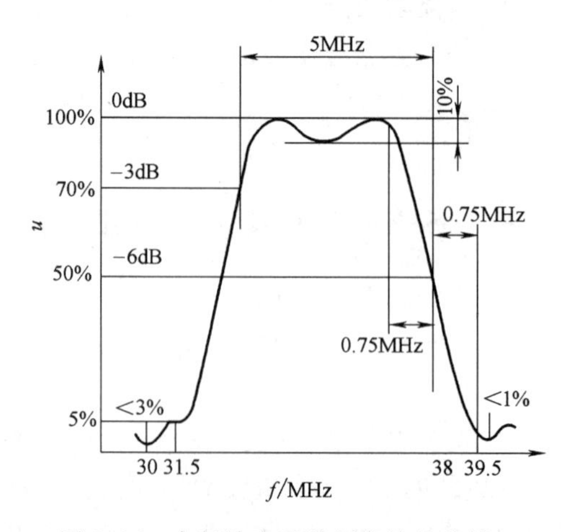

图 3-36　中频放大通道频率特性曲线

过大，从而失去细节，清晰度降低。）伴音中频信号（31.5MHz）位于最大增益的5%处。伴音信号的增益不能太高，否则伴音干扰图像。

3）带宽：中频放大通道总带宽为4~5MHz

（2）公共通道信号流程　从高频调谐器9脚输出的中频信号（图像中频信号和第一伴音中频信号），通过C4送入预中频放大进行放大，放大后由Q1集电极输出经C2耦合至声表面波滤波器，通过声表面波滤波器形成中频放大特性曲线后，送入IC1（CD5151CP）集成电路的1和28脚，经IC1内部三级图像中频放大器后，直接加至视频检波器中。检出的视频信号在预视放电路中进行放大，经噪声抑制电路去除噪声后从5脚输出，再经K1、R49耦合至视频放大输出电路。

在IC1的内部，噪声抑制电路输出的另一路信号加至中频AGC、高频放大延迟AGC电路进行处理，得到高频放大延迟AGC电压从3脚输出，经R9送到高频头的AGC端。其中，R9为隔离电阻、C20为滤波电容、C8、C9为高频旁路电容。CD5151的2脚外接电位器W1用来调整高放AGC延迟量。R12、R13为分压电阻，C13为滤波电容。4脚外接的*RC*电路C14、R14决定了AGC滤波电路的时间常数。

4. 视频放大电路

（1）末级视频放大基本电路　末级视频放大基本电路如图3-37所示。该电路是共发射极放大电路，对0~6MHz全电视信号进行放大，加至显像管阴极，还有对比度调节和回归线消隐的作用。

（2）对比度调节电路　对比度调节电路如图3-38所示。该电路的原理是改变末级视频放大电路交流负反馈量，调节放大器增益来达到对比度调节的目的。

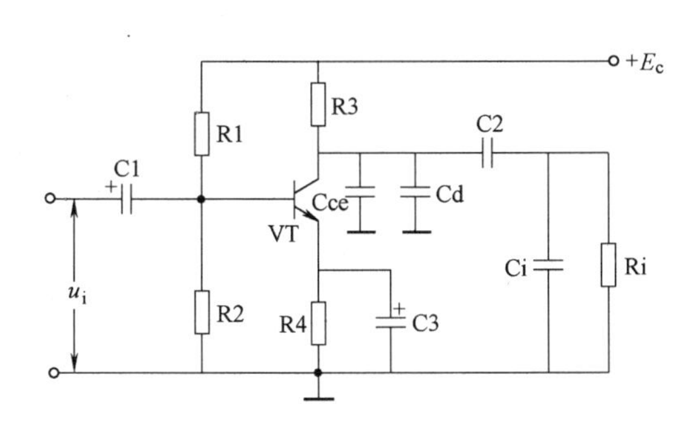

图3-37　末级视频放大基本电路

Cce：VT输出电容　Cd：分布电容

Ci：显像管输入电容　Ri：显像管输入阻抗

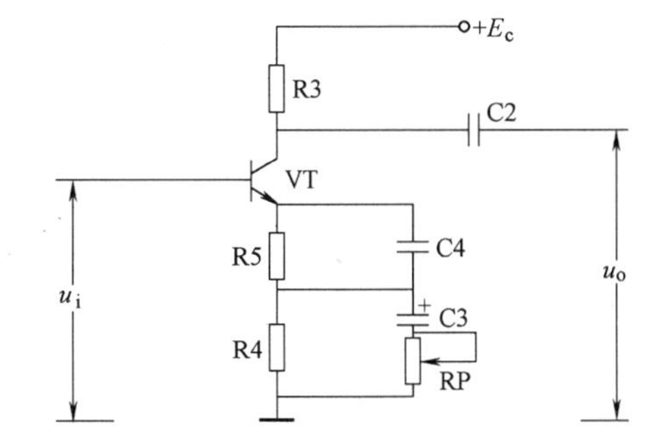

图3-38　对比度调节电路

方式：调节RP大小，可改变发射极等效电阻Re的大小，从而改变电压增益，调节对比度。

（3）末级视频放大管的保护电路　末级视频放大管的保护电路如图3-39所示。该电路的作用是当显像管内部极间产生高压跳火时，保护视放管不被击穿。电路形式为二极管保护电路和放电器件保护电路（氖管）

（4）消隐电路　在末级视频放大电路加消隐电路的原因：

1）全电视信号的消隐电平不能与显像管调制特性中的截止电压对齐。

2）行逆程时间大于行消隐信号脉宽，在屏幕左或右边出现一条竖直的白条。

以上两种原因使全电视信号中的消隐信号不能完全消隐掉行场回扫线。

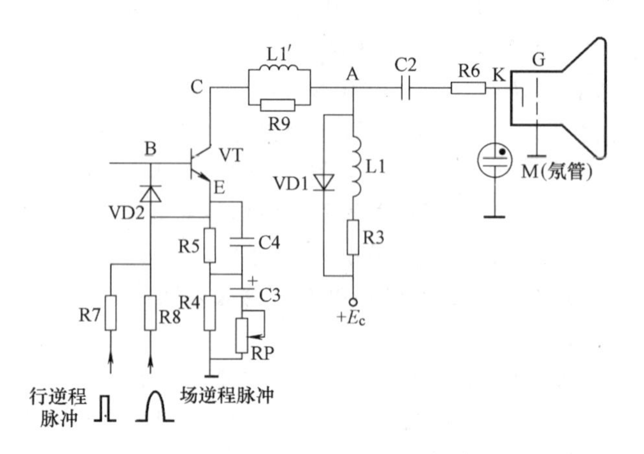

图 3-39　末级视频放大管的保护电路

原理：行场逆程脉冲分别经过 R7、R8 加至末级视频放大管的发射极。

U_E↑→U_B 不变→U_{BE}↓→VT 截止 U_C 迅速↑→U_A↑→U_{C2}不能突变→U_K↑→U_{GK}↑，消除行场回扫线

（5）视频放大电路的信号流程　Q8 是视频放大输出管，由于这级要求输出信号幅度很大，故集电极电源电压需 80V 左右。Q8 接成阻容式耦合共发射极电路。C45 是输出耦合电容。R50 是集电极负载电阻。

在对比度较小时，全电视信号中的消隐脉冲不足以使显像管电子束完全截止，从而画面上会出现回扫线。为了防止这种现象的产生，在视频放大输出管上还加有消隐电路，消隐电路是利用行、场扫描逆程脉冲来消除光栅上的回扫线。

本机行、场消隐脉冲加在视频放大输出管的发射极，行逆程脉冲由行输出变压器的 3 脚通过 R58 加入 Q8 发射极，场逆程脉冲通过 R34、D11 加入 Q8 的发射极。当行或场逆程正脉冲到来时，使视频放大输出管截止，集电路呈现高电位，有效地消除逆程回归线。视频放大输出管加上消隐电路之后，即使没有电视信号输入，光栅上也不会出现回扫线。因此，光栅上有无回扫线可以当作判别视频放大输出管是否正常的一个标志。

CONT 电位器是对比度调节电位器。C38 是隔直电容，提供交流信号通路。R54 与 R57、R55、CONT 电位器形成交流并联电路，控制放大器的交流反馈量，从而控制放大器的增益。C3 是高频补偿电容器。R51 为限流电阻，当显像管内部打火时，它限制短路电流的幅度，起到一定的保护作用。

5. 伴音通道

（1）鉴频器　从已调波中取出调制信号的过程称为解调，调幅波解调叫作检波，调频波解调叫作鉴频。

鉴频的方法：先把调频波变成调幅波，然后再对调幅波进行检波。

（2）伴音通道信号流程　第一伴音中频信号（31.5MHz），在 IC1（集成电路 CD5151CP）内部检波级与图像中频信号（38MHz）差出第二伴音中频信号（6.5MHz），从 CD5151CP 集成电路的 5 脚输出。这一信号通过 C17、6.5MHz 带通滤波器 Y1 取出第二伴音信号送入 CD5151CP 集成电路的 7 脚。8 脚也是伴音中频放大器电路的一个引脚，但由于它的外电路中

接入 C18 交流旁路电容，所以变成了单端输入式差分放大器电路。7 脚和 8 脚之间的电阻 R17、R18 为内部电路中伴音中频放大器的偏置电阻。

9 脚和 10 脚之间所接元器件 T1 为内峰值鉴频器电路所需的线性电抗变换电路（鉴频回路）。鉴频器输出得到的音频信号由 11 脚输出，通过 R20、C85、C22、K1、音量电位器 2RP1、R88、C82 后至集成电路 IC2（LM386）3 脚，进行音频信号放大。

IC2 是一块音频功放集成电路，它在电源电压为 10V、扬声器阻抗为 8Ω 时，输出功率可达 0.7W。它是单排 8 脚封装的集成电路 3 脚为间频输入端。5 脚为音频功放输出端，放大的音频信号通过电容器 C87 耦合至扬声器，发出电视伴音。2、4 脚接地，6 脚为电源输入端，通过 R83、C86 滤波电容器输入为 9V 的电源电压。

6. 行扫描电路及显像管供电电路

（1）行输出变压器　行输出变压器如图 3-40 所示。

它提供显像管所需要的各种电压，并提供其他电路需要的脉冲信号。

它把行频电流升压，然后经多个二极管和电容，倍压整流成 20000V 左右的高压直流电，用来吸引显像管电子枪发射出的电子束，以保证电子束可以有效打到屏幕上成像。之所以要产生这么高电压，是因为屏幕要有足够亮度，电子运动速度越快，亮度越高，所以屏幕越大电压越高。

（2）行激励电路　行激励电路如图 3-41 所示。

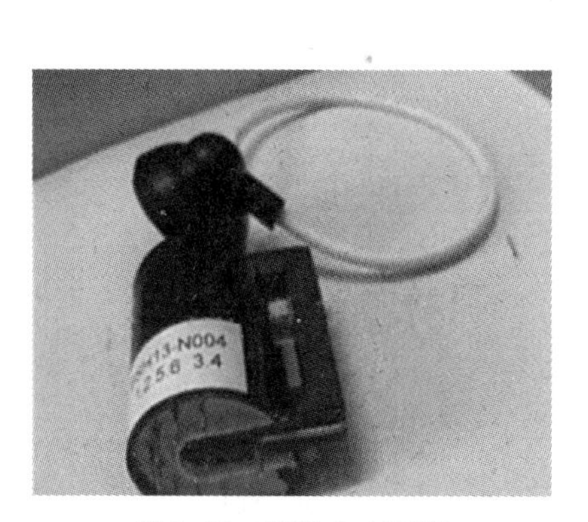
图 3-40　行输出变压器

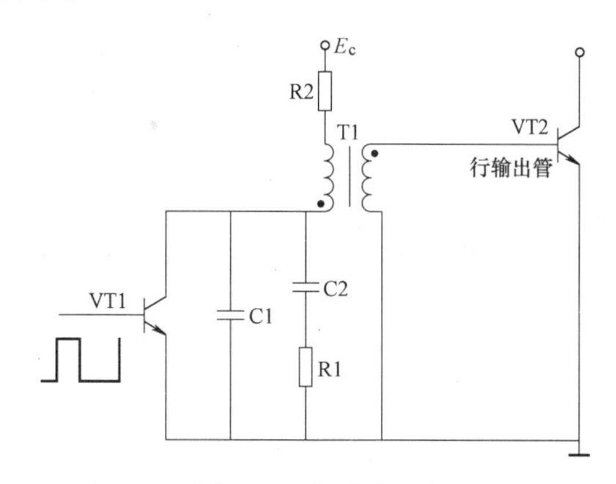

图 3-41　行激励电路

作用：将行振荡器电路送来矩形脉冲信号进行整形和功率放大，还有隔离作用。

各元器件作用如下：

1）行推动变压器：使激励方式为反极性激励，提供足够大的行激励电流。

2）行激励管：进行电压功率放大，P_{CM}>700MW，β>50。

3）R2：调整行激励大小，阻尼行激励高频寄生振荡。

4）C1、C2 与 R1：组成抑制高频自激振荡和阻尼吸收回路。

足够的功率推动行输出管，使行输出管很好地工作在开关状态。另外，它还有隔离作用，以减小行输出电路对行振荡电路的影响。

（3）行输出电路　行输出电路如图 3-42 所示。

作用：

1）给行偏转线圈提供功率足够的行扫描电流。

2）给末级视放电路提供行消隐脉冲。

3）给 AFC 电路提供脉冲比较信号。

4）给高压电路提供行逆程脉冲。

各元器件作用如下：

T1：行推动变压器

VT：行输出管

VD：阻尼二极管

Cr：行逆程电容

Ly：行偏转线圈

Cs：S 校正电容

T2：行输出变压器

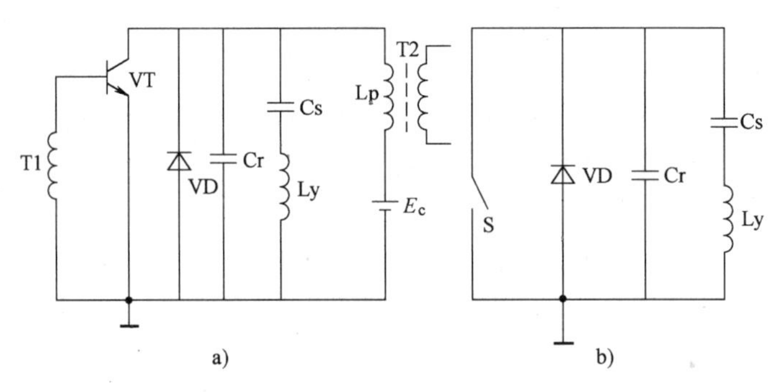

图 3-42　行输出电路

a）基本电路　b）理想化等效电路

（4）延伸性畸变及其补偿方法　延伸性畸变及其补偿方法如图 3-43 所示。

原因：显像管屏幕的曲率中心与电子束扫描的偏转中心不重合。在电子束偏转角速度一定时，电子束在荧光屏上的线速度在两边快，中间慢，使光栅两边拉长，中间被压缩。

补偿方法：在行偏转线圈电路中串入一大电容器，即 S 校正电容。

（5）自举升压电路　自举升压电路如图 3-44 所示。

采用自举升压电路的原因：

提高行扫描线性，需要增大电源的电压。此电路将电源电压升高至 $2E_c$ 供给行输出电路。

元器件作用如下：

VD0：升压二极管；

C0：升压电容；

VD：阻尼二极管；

VT：行输出管。

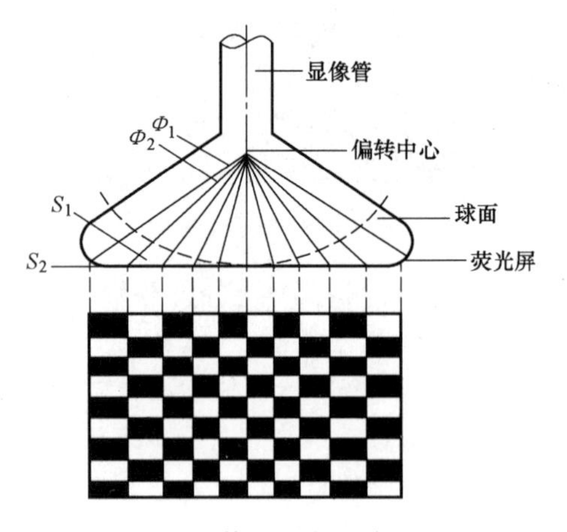

图 3-43　延伸性畸变及其补偿方法

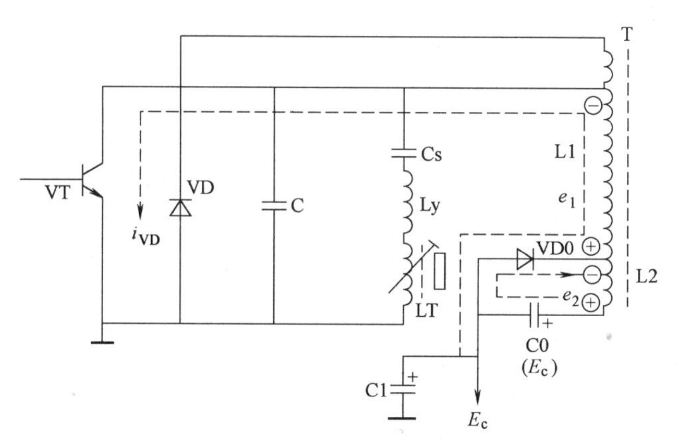

图 3-44　自举升压电路

(6) 行扫描及显像管供电电路信号流程　CD5151CP 集成电路的 5 脚输出的复合全电视信号，进入 IC1 内的同步分离电路中。由同步分离电路进行处理得到的复合同步信号直接加至行鉴相器电路，与 22 脚输入的行逆程脉冲信号进行比较，得到的鉴相误差电压从 19 脚输出，经 R45 送入 18 脚，进入 IC1 内的振荡电路，18 脚外接的 C68、R46、W7 为定时元件，其中 C68 为定时电容，W7 是行频调整电位器。由行输出变压器的 5 脚送出行逆程脉冲通过 C45、R65 加入 22 脚，用以控制行振荡的频率和相位，使其与发送端保持一致。行振荡器产生的行频脉冲信号，加入分立元器件构成的行推动级和行输出级。

Q9 为行激励晶体管，其工作在截止和饱和状态。由 CD5151CP 集成电路的 17 脚输出行激励信号，经 R52 控制 Q9 的基极，使 Q9 工作在截止和饱和状态。R53 为 Q9 的集电极负载电阻，通过 C12 耦和至 Q10 的基极。Q10 是行输出管，D6 为基极输入回路，其作用是吸收反相电压和抑制高频自激。

C34 是 S 校正电容，D9 是升压二极管，C54 为升压电容，D10 是阻尼二极管，与 D10 并联的涤纶电容器 C00、C02 是逆程电容器，调节大小就可以调整行幅的大小。

本机行输出变压器共有 10 个引脚，1 脚接阻尼二极管，2 脚输出交流 6.3V 像管灯丝电压，3 脚接行输出管集电极、行偏转线圈和行消隐脉冲信号输出。4 脚接出 120V 左右电压提供给显像管加速极和亮度控制电路。7 脚经 D14、C56 整流滤波后，输出 120V 左右电压提供给显像管加速极和亮度控制电路，输出 120V 经 R61、亮度调节电位器，通过 R59 加入显像管 2 脚（2 脚为阴极）。9 脚和 10 脚分别接升压二极管和升压电容，形成自举回路。高压阳极所需的电压是由行输出变压器的高压包输出高压脉冲，经整流和显像管管壳电容滤波后提供。

显像管共有 7 个引脚，其排列顺序和功能与普通黑白电视显像管完全相同，1 脚和 5 脚是栅极，电压为 0V（接地）。2 脚是阴极，电压在 27~33V 之间变化。3 脚和 4 脚内接灯丝，两脚间交流点为 6.3V 左右。6 脚是加速极，电压为 120V 左右。7 脚是聚焦极，电压为 0V（接地）。

7. 场扫描电路的工作原理

(1) 互补型 OTL 场输出电路　互补型 OTL 场输出电路如图 3-45 所示。

- 作用：进行锯齿波功率放大。

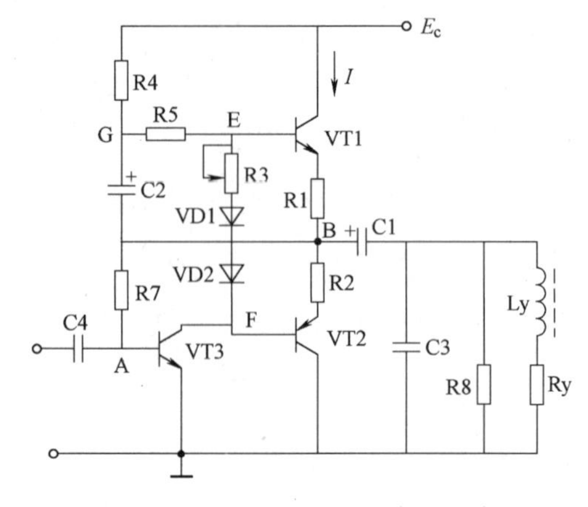

图 3-45 互补型 OTL 场输出电路

- 元器件名称及作用：

VT1、VT2：场输出管——组成 OTL 型互补功放电路。

R1、R2：VT1、VT2 的发射极电阻——具有交直流负反馈作用。

VT3：场推动管——电压放大。

R7：VT3 的偏置电阻。

R4、R5、R3、VD1 与 VD2 正向导通电阻：VT3 的集电极电阻——VD1、VD2 与 R3 上的压降给 VT1，VT2 提供静态偏置，使 VT1、VT2 处于临界导通状态，可克服交越失真。

C1：交流耦合电容。

C2：自举电容。

C3：高频旁路电容——旁路窜入的行频脉冲信号并与 R8 一起消除可能产生的高频振荡。

Ly、Ry：分别为场偏转线圈的电感与内阻——它们是场输出电路的负载。

R7：直流负反馈电阻——调 R7 可改变中点电位，调 R3 可改变 VT1、VT2 静态偏置。（调 R7 和 R3 相互都有影响）

（2）场扫描电路信号流程　由 CD5151CP 集成电路内同步分离级输出的复合同步信号直接加至场触发电路，经过处理得到的场同步信号又加到场振荡电路，用以控制场振荡器的频率和相位，使其与发送端保持一致。场振荡器产生的场振荡信号直接加到场激励级进行放大，然后从 26 脚输出（场频锯齿波信号），送到由分立元器件构成的场输出电路。其中 24 脚外接场振荡频率。25 脚输入锯齿波反馈信号。可调元器件 W5 是用来进行场幅（场线性）调整的，调整 W5 电阻值的大小，就可以改变负反馈量的大小，由此能同时进行场幅的调整。

本机场输出为分立元器件组成，是典型互补型 OTL 输出电路，电路中，Q6、Q7 是输出管，R35、R36 是它们的发射极电阻，具有交直流负反馈作用；Q5 是场输出推动管，R31、D7 正向导通电阻是 Q5 集电极电阻；R31、D7 上的压降给 Q7、Q6 提供静态偏置，使 Q7、Q6 处于临界导通状态；C37 是交流耦合电容。

任务实施

一、实操准备

1. 主电路板。为了测试方便，主电路板按照图 3-46 进行放置。
2. 稳压电源一台。
3. 采用外接电源供电。
4. 示波器一台。
5. 电视信号发生器一台。

6. 夹子线一根。

7. 示波器探头的接地夹子，用夹子线接稳压电源负极。

8. 电视信号发生器，输出彩条信号。

9. 调谐电视机的选台钮（2RP2），使电视机收到彩条信号。

图 3-46 主电路板放置示意图

二、测试步骤

测试步骤见表 3-11。

表 3-11 测试步骤

步序	步骤名称	图示	说明
1	晶体管各极对地电压的测试		晶体管功能： Q1：预视放管 Q5：场推动管 Q6：场输出管 Q7：场输出管 Q8：视放输出管 Q9：行激励管 Q10：行输出管 表 3-12 是各晶体管正常工作时测得的直流电压值，供同学们在测量时参照 除测量 Q8 集电极 C 时万用表置于直流 200V 档位外，其他晶体管的测量时，万用表均置于直流 20V 档位
2	集成电路各脚对地电压的测试		IC1：黑白电视机用单片集成电路 CD5151CP IC2：音频功放集成电路 LM386 CD5151CP 各引脚直流对地电压参考值见表 3-13 LM386 各引脚直流对地电压参考值见表 3-14

（续）

步序	步骤名称	图示	说明
3	检测IC1的5脚输出的全电视信号波形	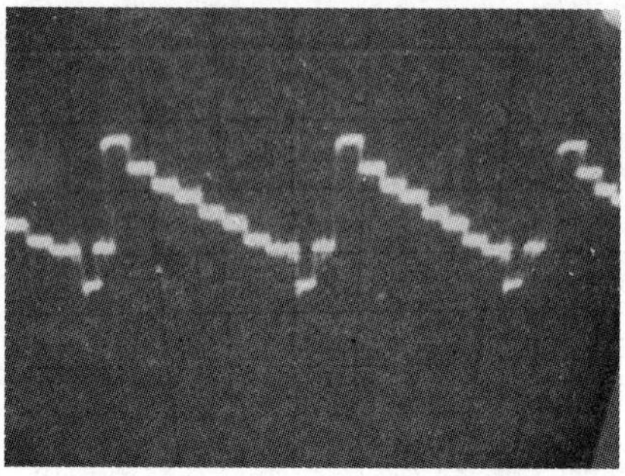	电视信号发生器发出彩条信号，电视机接收信号，屏幕呈现灰度条 全电视信号： 波形幅度为2.3Vp-p 波形周期为64μs
4	检测Q8集电极C输出的全电视信号	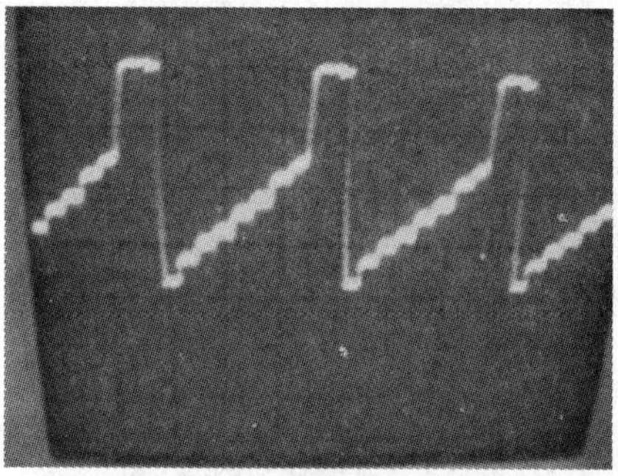	Q8是视放输出管，它的集电极输出的是图像信号 视频放大末级图像信号： 波形幅度为38V p-p 波形周期为64μs
5	检测Q9基极B的信号	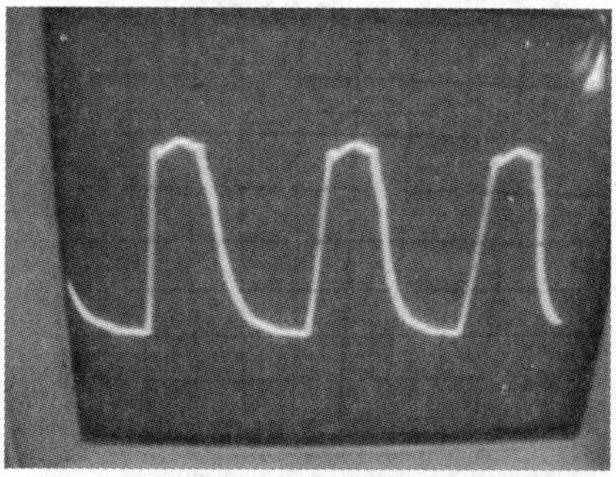	Q9是行激励管，它的基极输入的是行振荡输出的信号 行振荡信号： 波形幅度为0.76Vp-p 波形周期为64μs
6	检测Q9集电极C的信号	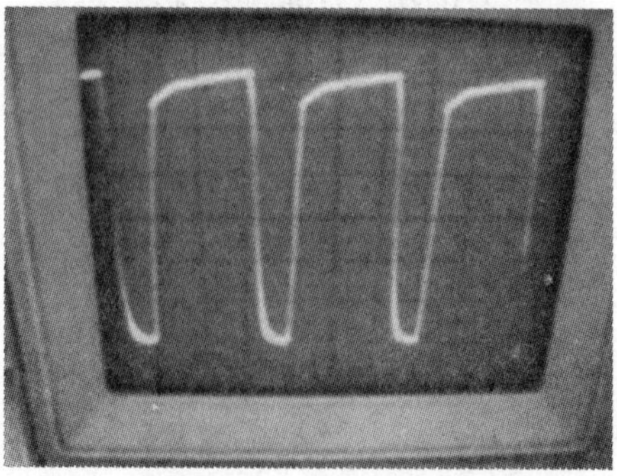	Q9集电极输出的是行激励输出信号 行激励信号： 波形幅度为6Vp-p 波形周期为64μs

（续）

步序	步骤名称	图示	说明
7	检测 Q10 集电极 C 的信号	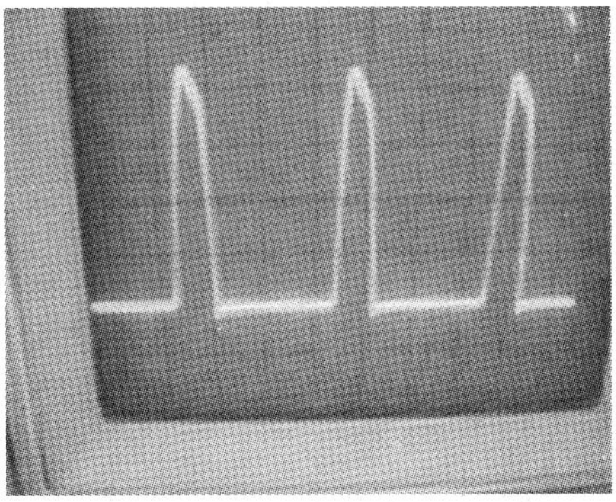	Q10 是行输出管，其集电极输出的是逆程脉冲信号 行逆程脉冲： 波形幅度为 96V 波形周期为 64μs
8	检测 Q5 基极 B 的信号	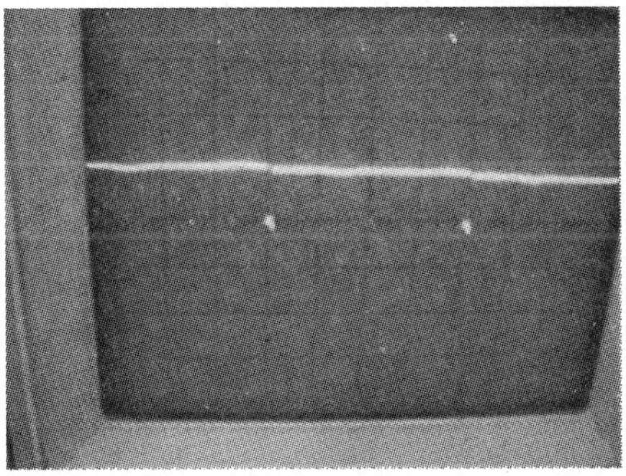	Q5 是场推动管，其基极输入的场振荡信号 场振荡信号： 波形幅度为 0.5V 波形周期为 20ms
9	检测 Q5 集电极 C 的信号	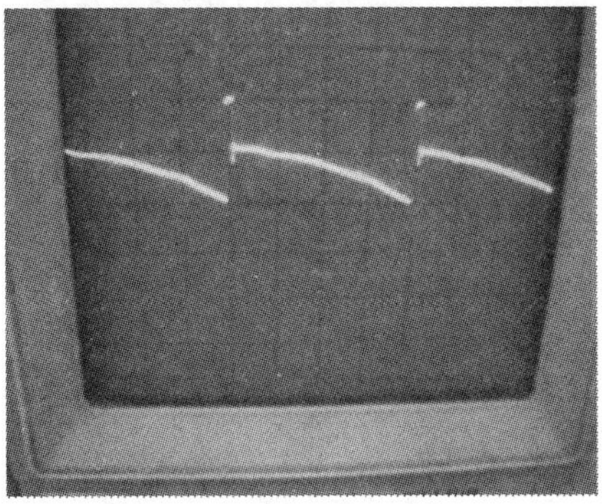	Q5 集电极输出的是场激励信号 场激励信号： 波形幅度为 10V 波形周期为 20ms
10	检测 C37 负极的信号	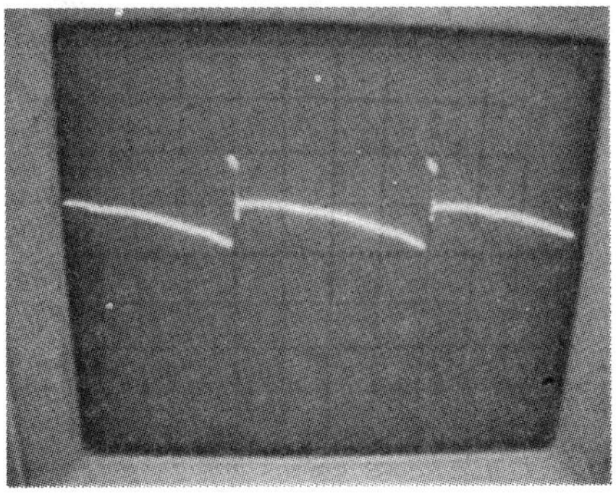	C37 负极输出的是场输出信号 场输出信号： 波形幅度为 9V 波形周期为 20ms

表 3-12　晶体管各极对地直流电压　　单位：V

晶体管	发射极(E)	基极(B)	集电极(C)
Q1	2.3	2.9	8.9
Q5	0	0.66	4.1
Q6	4.8	5.3	9.8
Q7	4.5	4.1	0
Q8	3.2	3.5	84
Q9	0	0.4	5.3
Q10	0	-0.8	16.7

表 3-13　CD5151CP 各引脚直流对地电压参考值（万用表直流 20V 档位）　单位：V

引脚号	1	2	3	4	5	6	7	8	9	10	11	12	13	14
电压值	4.9	5.7	1.8	5~8	2~5	5~7	3.2	3.2	4.9	4.9	3~4	空	空	6.4
引脚号	15	16	17	18	19	20	21	22	23	24	25	26	27	28
电压值	6.4	9.3	0.7~0.9	5.1	5	9.5	0	3.2	空	4.9	0.34	3.1	0	4.9

表 3-14　LM386 各引脚直流对地电压参考值（万用表直流 20V 档位）　单位：V

引脚号	1	2	3	4	5	6	7	8
电压值	1.36	0	0	0	5	10	空	1.38

任务评价

任务评价见表 3-15。

表 3-15　任务评价表

评价项目	评价标准
电视机各组成部分的作用	1. 能说出各部分电路的输入、输出信号的名称、特点 2. 能明确测试电压波形的名称及特点
检测黑白电视机	1. 能够准确找到各晶体管位置，测量各极对地电压 2. 测试电压波形准确，数据正确

知识拓展

故障分析与检修

一、检修前的准备工作

1）指针万用表与数字万用表各一块。

2）示波器一台。

3）电视信号发生器一台。

4）稳压电源一台。

5）常用工具（如电烙铁、尖嘴钳、斜口钳、镊子、螺钉旋具、无感螺钉旋具等）。

6）待修机的电路图。

7）备件（如晶体管、集成电路、常用的阻容元器件等）。

二、常用的检修方法

1. 测量电阻法

利用万用表的电阻档（或二极管蜂鸣档）可以检测二极管、晶体管、电阻、电感、变压器、偏转线圈、电位器与微调电阻等元器件的好坏。

测量电路中某点的对地电阻值，通过阻值判断电路中有无短路故障。

2. 电压比较法

这种检修方法是测试关键点的对地电压值，如晶体管和集成电路的对地直流电压值，与正常值的电压做对比，哪里的电压不对，哪里就有故障，从而找到故障点，排除故障。在本任务中收集了晶体管和集成电路的对地直流电压值（见表 3-9），在检修故障机时就可以参考。

3. 波形追踪法

这种检修方法是用示波器测试故障机关键点的波形，通过与正常工作的电视机的波形相比较，哪点的波形出现问题，这点涉及的电路就有可能存在故障，从而可以确定故障范围，有针对性地去检修故障。这种检修方法有时要用电视信号发生器产生标准测试信号。我们在本任务中已经采集了本次组装的电视机关键点的波形（见表 3-8），在检修故障机时是珍贵的资料。

4. 干扰法

用金属工具（如镊子、表笔、螺钉旋具）给电视机外加一个干扰信号。通过观察电视机对干扰信号有无反应及反应的程度，判断故障部位。

5. 替换法

对于用万用表无法判断其好坏的元器件，如高频头、高压包、声表面波滤波器、陶瓷滤波器和集成电路等，如果怀疑其有问题，可以采用好的元器件进行替换。如果替换后故障排除，则证明被替换的元器件确实损坏。

6. 直观检查法

直观检查法主要观察元件是否齐全，有无明显损坏；插接件有否松动、脱落；电路板上的焊点有无漏焊、虚焊、短路问题；机内有无打火、冒烟现象等。这种检查方法往往能更直观地寻找出故障根源。

三、常见故障分析与检修

1. 三无故障的检修

故障现象：无图像、无光栅、无伴音。

故障部位：稳压电源、行输出电路。

检修步骤：

（1）测试对地电阻值　参考图 3-47 测试 A 点对地电阻值。红表笔接 A 点，黑表笔接地。如果 A 点阻值在 22Ω 左右，参照“（2）电源故障”进行检修。如果 A 点阻值远小于 22Ω，参照“（3）行输出电路短路故障”进行检修。

（2）电源故障　接通电视机电源（用外接电源供电），测试 C21 正极有无 14V 左右的直流电压。如果没有 14V 电压，检测熔体 FUSE 是否开路。如有 14V 电压，将 Z1 拆焊，检测是否击穿短路，极性是否装反。如果 Z1 正常，将 Q4、Q3、Q2 拆焊检测。

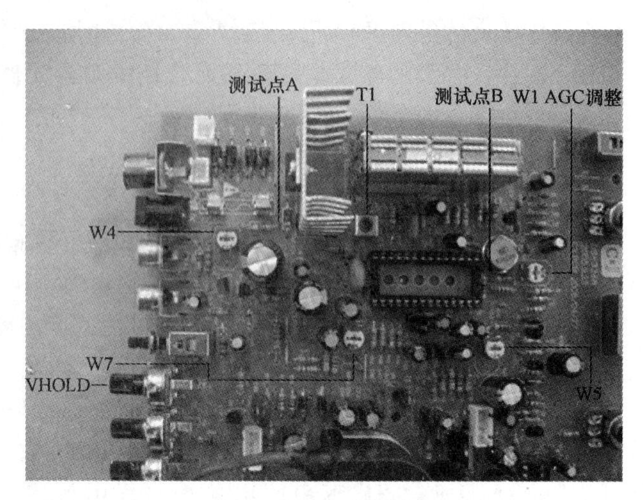

图 3-47　主要检测点

（3）行输出电路短路故障　在路测试 Q10 集电极-发射极间电阻值，如果阻值为 0 或接近于 0，则证明 Q10 击穿损坏。分别检测电路中 D9、D10 两极的电阻值，如果阻值为 0 或接近于 0，则证明 D9、D10 击穿损坏。

2. 无图像故障的检修

故障现象：荧光屏有白色光栅，但无图像，有伴音。

故障分析：图像信号丢失，显像管阴极得不到图像调制信号。

故障部位：开关 K1、R49、Q8、C45。

检修步骤：故障机接收彩条信号，用示波器检测 Q8 基极有无阶梯波信号。如果有阶梯波信号，则测试 Q8 三个极电压与表 3-12 的正常值对比，即可判断 Q8 的好坏。如果 Q8 正常，检测 C45 是否开路。

如果 Q8 基极无阶梯波信号，检测 K1、R49 是否开路。

3. 水平一条亮线

故障现象：屏幕水平中心出现一条细亮线。

故障分析：场电路工作不正常，场偏转线圈无法产生水平磁场，电子束无法垂直运动。

故障部位：IC1 内部的场振荡电路损坏、场输出级工作不正常、C37 电容开路、场偏转线圈的连接引线开焊、松脱。

检修步骤：用示波器检测 Q5 基极有无场激励信号，如果没有，检测 R29、C30 是否开路，如果 R29、C30 正常，则 IC1 损坏。如果 Q5 基极有场激励信号，用示波器检测 C37 负极有无场扫描锯齿波，如果没有，则有可能 C37 开路，Q5、Q6、Q7 损坏，可以测试 Q5、Q6、Q7 的电压判断其是否损坏。如果 C37 负极有场扫描锯齿波，则检查与场偏转线圈连接的排线有无开路、脱焊。

4. 垂直一条亮线

故障现象：屏幕垂直中心出现一条细亮线。

故障分析：行偏转线圈无锯齿波电流送入，无法产生垂直磁场，电子束无法水平运动。

故障部位：C34 电容开路、行偏转线圈的连接引线开焊、松脱。

检修步骤：替换 C34、检查与行偏转线圈连接的排线有无开路、脱焊。

5. 无伴音故障

故障现象：图像正常，无伴音。

故障分析：有图像，证明电视机的通道电路，行场扫描电路、视频放大电路均正常，故障范围缩小到伴音检波电路、功率放大电路。

故障部位：伴音检波电路、功率放大电路、扬声器、连接排线。

检修步骤：用镊子碰触音量电位器 2RP1 的中心端，如果扬声器中有“嗡嗡”的感应信号声，则证明功率放大电路工作正常；这时应检测 K1 的触点、C85、R20 有无开路损坏的故障；如果上述元器件都正常，则调整 T1 看能否出现伴音，如果仍旧没有伴音，则替换 T1；如果替换 T1 后故障不能排除，再替换 Y1。

用镊子碰触音量电位器 2RP1 的中心端，如果扬声器中没有“嗡嗡”的感应信号声，则证明功率放大电路工作不正常。首先检测扬声器及连接线是否开路，如果正常则继续下面的检测。检测 IC2 的 6 脚供电电压应在 10V 左右，如果电压过低或为 0，则说明 R83 阻值变大或开路。如果 IC2 的 6 脚电压正常，则检测 IC2 的 5 脚电压应在 5V 左右，如果偏离此电压值过大，则证明 IC2 损坏，更换 IC2 即可。

如果 IC2 的 5 脚、6 脚电压都正常，则检测 R88、C82、C87 有无变值、开路损坏的故障。

6. 无光栅，有伴音

故障现象：屏幕黑屏，有广播节目的电视伴音。

故障分析：显像管高压阳极、阴极、加速极、灯丝得不到正常的电压，都会引起无光栅故障。

故障部位：行推动电路、行输出电路、中压整流电路、亮度控制电路、灯丝供电回路。

检修步骤：检测 Q10 基极有无负电压，如果没有，则说明 R52 变值或开路。若 Q10 基极有负电压，检测 Q10 集电极电压，应为 16V 左右，如果低于 16V，检测 D9 是否击穿损坏。如果上述检测都正常，则检测 D14 是否击穿损坏、焊接的极性是否正确。灯丝供电回路的电阻 R66 开路也会引起无光栅故障。

※学习单元小结※

知识点
- 电视技术的基础知识
- 电视信号的调制方式；行、场扫描的技术参数，电视频道的划分
- 显像管的结构和作用
- 偏转线圈的结构和作用
- 超外差式黑白电视机的组成框图
- 超外差式黑白电视机各部分电路的作用

技能点
- 识读超外差式黑白电视机的电路原理图
- 识读超外差式黑白电视机的电路板图
- 识别、检测元器件
- 安装、焊接 电路
- 对电视机进行整机统调
- 使用万用表测量晶体管对地电压，使用示波器测出主要电路波形

参考文献

[1] 宋贵林，姜有根. 电子线路 [M]. 4版. 北京：电子工业出版社，2008.

[2] 陶宏伟，韩广兴. 收录机原理与维修 [M]. 3版. 北京：电子工业出版社，2007.

[3] 沈大林，贺学金. 黑白电视机原理与维修 [M]. 3版. 北京：电子工业出版社，2007.